JN437897

군대 문화와 윤리

최재호 · 윤희철 · 권지민
공저

www.kimoonsa.co.kr

머리말

현대 사회에서 군대는 단순한 무력 집단 이상의 의미를 지닌다. 군대는 국가 안보의 핵심 기둥으로서, 평화와 안전을 유지하며 국민의 생명과 재산을 보호하는 중대한 역할을 수행한다. 이와 같은 중차대한 임무를 수행함에 있어 군인들이 지켜야 할 가장 중요한 덕목 중 하나가 바로 '윤리'이다. 군대에서 윤리는 군인들의 행동과 판단을 지도하는 도덕적 나침반이며, 그들이 어떤 상황에서도 올바른 결정을 내릴 수 있도록 돕는 기준이 된다.

군대의 역할은 전장에서의 전투만 있는 것이 아니다. 재난 구호, 평화유지 활동, 인도적 지원 등 다양한 임무를 수행하는 군인들은 각기 다른 상황에서 여러 가지 도전에 직면한다. 이러한 도전 속에서 군인들이 윤리적 기준을 지키는 것은 그들의 행동이 단지 임무 수행에 그치지 않고, 그 이상의 가치를 창출하기 때문이다. 군대에서 윤리는 군인들이 법과 규율을 준수하고, 인권을 존중하며, 정의와 공정성을 실현할 수 있도록 하는 지침이다.

본서에서는 군대에서 윤리의 중요성과 그 적용 방법을 다양한 측면에서 탐구하고자 한다. 첫 번째 부에서는 윤리에 대한 개괄적인 이해와 군대윤리만의 특성에 대해서 살펴본다. 이론적 탐구를 마친 이후에는 '생각해 보기'를 통해 독자들이 생각을 하고 토의 및 토론을 진행할 수 있는 질문을 준비하였다. 기본적으로 본서는 군대윤리와 관련된 기본서로서, 크게 목적론적 윤리설과 의무론적 윤리설이라는 큰 주제로 토의가 가능하게끔 기초 소양을 갖추는 것을 목적으로 집필하였다.

두 번째 부에서는 한국군 군대문화에 대해 살펴본다. 한국군의 군대문화에 대해 이해하기 전에 현대 사회의 특징에 대해 이해하는 것이 선행되어야 하는데, 현대사회의 주요 특징인 세계화, 디지털화, 인공지능과 자동화, 빅데이터, 기후변화와 환경문제 등을 큰 범주로 하여 살펴본다. 군대문화는 가부장적, 집단주의, 권위주의 등의 특징을 가지고 있는데, 이것에 대한 이해 없이 군대에서 윤리 문제를 논하는 것은 제한이 되기 때문에 군대문화에 대한 이해가 선행되는 것은 필수적이다. 본 서의 제목을 『군대문화와 윤리』로 명명한 것은 위와 같은 이유 때문이다.

세 번째 부에서는 전쟁과 윤리에 대해 개괄적으로 다룬다. 인류의 역사는 전쟁의 역사라고 해도 과언이 아니다. 현대에도 크고 작은 분쟁이나 전쟁이 지속되고 있지만, 전쟁과 윤리를 연계시키게 된 것은 비교적 최근의 일이라 할 수 있다. 군인의 본질적인 임무는 전쟁에 대비하는 것이기 때문에, 전쟁과 윤리와의 관계를 살펴봄으로써 본 서를 마무리한다.

군대 내에서 윤리적 행동은 동료 간의 신뢰를 증진시키고, 상호 존중을 기반으로 한 조직문화를 형성한다. 또한 군대의 윤리적 행동은 사회 전체에 긍정적인 영향을 미치며, 국민의 신뢰를 얻는다. 이는 군대에서 윤리 문제가 단순히 군인 개개인의 문제가 아닌 우리 사회 전체의 문제인 것을 방증한다. 군대는 국민의 신뢰와 존경을 받는 기관이다. 그 신뢰와 존경의 근간은 군인들이 윤리적 기준을 준수하며, 그들이 사명을 다하고 있다는 믿음에 있다. 본 서가 군대문화와 군대에서의 윤리에 대한 이해를 높이고, 더 나은 군대와 사회를 만드는 데 기여할 수 있기를 바란다.

본 서가 세상에 나오기까지 물심양면으로 노력해 주신 기문사 한재성 대표님과 관계자 분들에게 큰 감사를 드립니다. 끝으로 본 서의 작성에 큰 귀감이 되어주신 김진만 교수님께 큰 감사의 인사를 올리며, 교수님께서 군대 윤리의 발전에 기여하신 노고를 육군3사관학교는 평생 기억하겠습니다.

2024년 7월

충성대에서 집필진 일동

차 례

제1부

윤리의 이해와 군대윤리

제2부

한국군 군대문화의 이해

제3부

전쟁과 윤리

윤리의 이해와 군대윤리

1. 윤리

윤리는 사전적 의미로 사람으로서 마땅히 행하거나 지켜야 할 도리를 의미하며, 윤리학은 이러한 윤리를 연구하고 인간 행위의 규범에 관하여 연구하는 학문을 말한다. 하지만 단순히 사전적 의미로만 윤리를 전반적으로 이해하는 데는 큰 한계가 있다. 기원전 아리스토텔레스나 소크라테스, 플라톤 등 거대 철학자들부터 시작하여 현재의 윤리학에 이르기까지 여러 학자마다 윤리란 것에 정의하는 것이 상이하며, 어떤 통일된 학문체계나 정의를 지니고 있지 않기 때문이다. 하지만 우리는 어떠한 형태로든 우리의 삶의 방식을 제약하고 직접적인 영향을 미치게 되는 윤리에 대한 이해가 필요하다. 학자마다 윤리에 대해 정의하는 것은 분분하지만, 공통적으로 인정하고 있는 특징은 세 가지로 구분할 수 있다. 첫째, 윤리란 규범적인 인간 행위의 원리이다. 규범적 행위란 자연의 존재 법칙에 따르는 필연적인 행위가 아니라 마땅히 해야만 하는 당위적인 행위를 말한다. 둘째, 윤리는 선과 악을 판별하는 준거가 된다. 어떤 행동이 옳은지 그른지를 판단할 수 있는 기준으로 그에 의거하여 옳은 행위를 선택하는 과정까지를 포괄하여 윤리라고 규정지을 수 있다. 셋째, 윤리는 공동생활의 원리로 정의될 수 있다. 인간이 사회나 공동체를 떠나 혼자 존재한다면 윤리는 굳이 필요 없는 부분이기 때문이다.

이러한 윤리는 사실 일상생활에서 도덕이라는 말과 구별 없이 사용된다. 하지만 학문적으로 분석하였을 때, 윤리와 도덕의 가장 본질적인 차이는 바로 '보편성'에 있다. 한 지역의 도덕적인 가치가 타 지역에도 통하는 절대적 보편성은 지니지 못하지만 윤리는 보다 근원적인 원리에 근거한다는 점에

출처: freepik

서 보편성을 지니게 된다. 예를 들어, 우리는 윤리적으로 자신보다 상급자나 어른과 식사를 할 때는 식사 예절을 지켜야 한다는 사실을 알고 있다. 하지만 이러한 식사 예절은 다른 국가, 다른 문화권에서 실천하는 행태는 상이하게 나타난다. 대한민국에서는 밥그릇을 식탁에 두고 밥을 먹는 것이 식사 예절이지만, 일본에서는 밥그릇을 들고 먹는 것이 식사 예절인 것처럼 식사 예절을 지키는 모습이 상이하게 나타나는 것이다. 각 나라에서 나타나는 이런 행동이 '도덕적인 행위'라면 이 행위의 근원적인 원리가 되는 '식사 시 식사 예절을 지켜야 한다.'라는 것은 바로 윤리가 되는 것이다.

하지만, 일반적으로 같이 쓰이기 때문에 윤리와 도덕을 구분하는 방법을 정확하게 규정하기 어렵고 살면서 이 두 단어를 구분할 필요도 없다. 다만 도덕은 실천적인 느낌이 강하고 윤리는 이론적인 느낌이 강하다. 쉽게 말하면 사람들이 일반

출처: Hatena Blog

적으로 합의하고 암묵적으로 준수하는 규범이나 규칙을 도덕이라고 하고, 그런 규범과 규칙이 정당한지를 의심하고 검토하는 것을 윤리라고 볼 수 있다. 이러한 윤리는 개인 간의 관계만을 고려해서는 안되며 개인의 삶의 방식과 동시에 개인의 사회나 공동체와의 조화, 공익 등이 포괄적으로 고려되어 정당성을 확보해야 한다. 즉, 위에서 말한 보편성의 특성 외에도 개인과 공동체가 모두 인정할만한 정당성이 있어야 한다. "모든 사람이 거짓말을 하므로 나도 거짓말을 해야 한다." 라는 명제를 예로 들면, 모든 사람이 거짓말을 하는 것이 사실일지라도 내가 거짓말을 해야 하는 것은 아니다. 즉 윤리적 판단은 실제의 세계와 어떠한지와는 무관하게 독립적으로 존재하며, 정당성이 확보되어야 한다.

정당성은 사리에 맞아 옳고 정의로운 성질을 말한다. 윤리에 확보되어야 하는 정당성은 무엇보다 인간이 준수해야 하

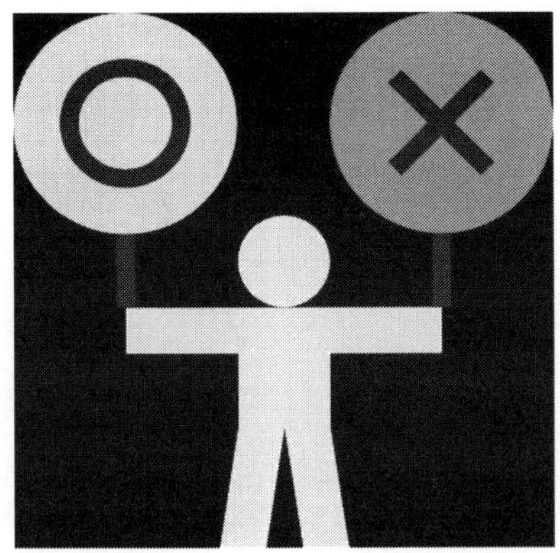

출처: flaticon

는 도리나 올바른 행동 규범과 관련된 떳떳하고 정당한 성질을 말한다. 위에서 말한 거짓말과 관련된 명제에서 알 수 있듯이 직관적으로 생각하였을 때 느낄 수 있는 옳고 그름이 어느 정도는 확보가 되어야 하는 것을 의미한다. 하지만 사형제도나 낙태 등 사회에 존재하는 여러 논제에 대해서는 이러한 '정당성' 자체가 논의의 대상이 되기도 한다. 이러한 여러 논제의 윤리적 정당성은 뒤에서 배울 '윤리적 원리'에 입각하여 어떤 해석을 하느냐에 따라 사람마다 다른 해석의 결과를 낼 수 있는 부분이기 때문에 윤리를 이해하는 단계에서는 크게 공통으로 인정되는 윤리의 세 가지 특징과 윤리에 반드시 내재되어야 할 보편성과 정당성에 대해서는 반드시 알고 넘어가야 할 필요가 있다.

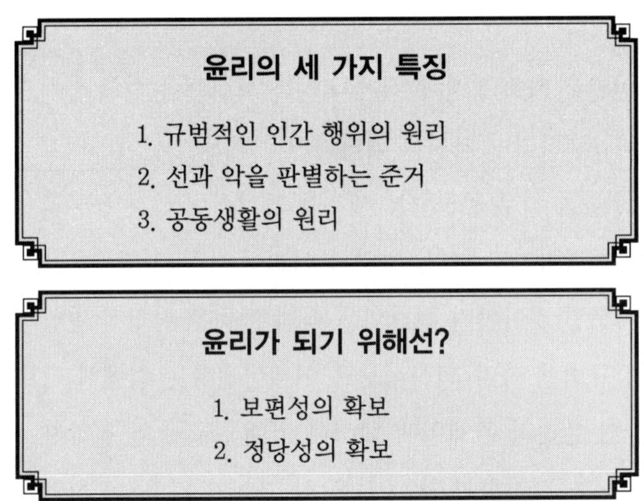

윤리의 세 가지 특징

1. 규범적인 인간 행위의 원리
2. 선과 악을 판별하는 준거
3. 공동생활의 원리

윤리가 되기 위해선?

1. 보편성의 확보
2. 정당성의 확보

2. 윤리적 존재로서의 인간

앞서 윤리에 대해 개괄적으로 살펴보았다. 학자마다 정의하는 것이 다르고 명확히 '윤리는 ~이다'라는 개념 정의가 어렵기 때문에, 학자들이 공통적으로 인정하는 특징 및 반드시 확보되어야 할 보편성과 정당성의 문제를 이해하는 것을 교육의 목표로 하였다. 이번 절에서는 인간으로서 우리가 마땅히 윤리적이어야 하는지, 아니면 인간 그 자체가 윤리적 존재인지 살펴본다. 인간은 이성적 존재, 도구적 존재, 사회적 존재, 정치적 존재, 유희적 존재, 문화적 존재, 윤리적 존재 등으로 표현되는 다양하고 고유한 특성을 지닌다. 이 중에서 인간을 가장 본질적으로 나타내며 인간이 인간다운 삶을 영위하도록 만드는 가장 중요한 특성은 인간이 '윤리적 존재'라는 점이다.

인간은 사회 공동체 속에서 다른 사람들을 위해 자신의 행동을 규제하거나 타인을 배려하면서 더불어 살아가려고 노력한다. 물론 일부 동물들도 새끼를 돌보거나 다른 동물을 돕고 서로 협력하기도 한다. 그러나 이러한 동물의 행동은 본능에서 비롯된 것이지만 인간의 도덕적 행동은 이성적 판단과 윤리적 규범에 따라 의식적으로 이루어진다는 점에서 다르다. 인간이 윤리적 존재임에 대하여 고대 그리스의 철학자 소크라테스는 '성찰하지 않는 삶은 살 가치가 없다.'고 하였으며,

전국시대의 유학자 맹자는 '인간에게는 마땅한 도리가 있으니 배불리 먹고 따뜻한 옷을 입고 편안하게 살아도 그 도리를 배우지 않는다면 짐승과 같다.'고 하였다. 독일의 철학자 임마누엘 칸트는 '생각하면 생각할수록 점점 더 커지는 놀라움과 두려움에 휩싸이게 하는 것이 두 가지 있다. 밤하늘에 빛나는 별과 내 마음의 도덕률이 그것이다.'라고 표현함으로써 인간이 윤리적 존재임을 강조하였다.[1]

무엇보다 중요한 것은 인간은 존재하면서 윤리적 판단 상황을 스스로 결정할 수 있는 의지를 지녔다는 것이다. 외부의 자극에 본능적으로 반응하거나 살아오면서 반복 학습된 행동 양상을 보이는 동물과는 달리 인간은 스스로의 행동을 스스로의 의지에 의해서 결정하고 행동한다는 점에서 윤리적 존재라고 볼 수 있다. 앞서 윤리는 규범적이며 선과 악을 판별

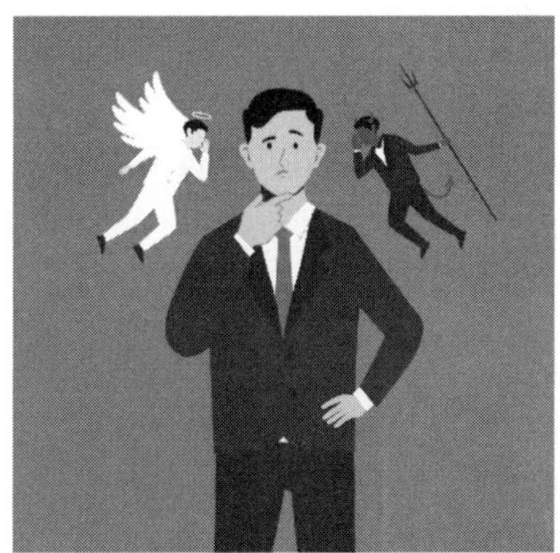

출처: freepik

1 두산백과

하는 준거가 되고 공동생활 속에서 필요한 특징을 지니고 있다고 설명하였다. 실제로 인간은 살아가면서 '살인을 하면 안 된다.', '남의 물건을 훔치면 안 된다.' 등의 규범을 스스로 지키며 살아간다. 설령 범죄자 등 지키지 않는 사람들이 있다 해도 저런 행위 자체가 옳은 행위가 아니라는 사실은 변함이 없으며, 인간은 그것을 판단할 수 있다. 이는 결국 선과 악을 판별하는 의지를 인간 스스로 지니고 있다는 것을 의미한다. 또한 인간은 누구나가 태어날 때부터 공동체에 속하게 된다. 우리는 우리의 의지로 대한민국의 국민, 누군가의 자녀로 태어난 것이 아니지만 태동한 이후부터는 공동체 속에서 살아가야 하는 숙명을 지니고 있다. 그렇기 때문에 이러한 공동체 속에서 규범적 행위라는 중심을 지니고 살아가는 인간은 윤리적 존재라는 점에서 다른 동물이나 생물체와 엄연히 다르다고 볼 수 있다.

출처: 클립아트코리아

3. 윤리적 딜레마

딜레마는 원래 '달려오는 황소의 오른쪽 뿔을 피하면 왼쪽에 찔리고, 왼쪽을 피하면 오른쪽 뿔에 찔리는 상황'에서의 선택을 표현하는데서 나온 용어이다. 이런 의미에서 딜레마 상황에서의 각각의 대안을 '딜레마의 뿔(horn of dilemma)'이라고 표현한다. 딜레마의 어원은 그리스어의 dilemmatos, 즉 two의 의미를 가진 'di'와 제의, 논제, 명제를 의미하는 lemmatos에서 lemma가 합쳐전 합성어이다. 딜레마는 '만족스럽지 않은 양자 혹은 그 이상 가운데에서 한 가지를 선택해야 하는 상황'으로서 논리학에서 딜레마란 '양도논법(兩刀論法)'이라는 삼단논법의 특수한 형태로 사용되고 있고, 철학, 문학, 심리학, 사회, 정치 등 여러 학문 분야에서는 선택이나 의사결정의 문제와 관련하여 딜레마라는 용어를 사용하고 있다. 또한 딜레마는 곤경, 곤란, 난처 등과 동의어로 사용되면서 일상생활에서는 갈등이라는 용어와 구분 없이 사용되고 있다. 딜레마를 설명하는 대표적인 사례로 죄수의 딜레마가 있다. 죄수의 딜레마는 협동을 하면 모두에게 이익이 됨에도 불구하고 배반을 선택하게 되는 상황을 말한다. 두 공범자 A, B가 함께 범죄 사실을 숨기면 둘 다 형량이 낮아질 수 있는데도, 상대방의 범죄 사실을 수사관에게 알려주면 자신의 형량이 감경된다는 말에 혹해서 상대방의 범죄를 폭로함으로써

출처: 한국해운신문

결국 둘 다 무거운 형량을 받게 되는 경우를 들 수 있다. 두 죄수 모두 자신의 이익만을 고려한 선택을 했다가 공멸하는 결과를 맞이하는 것이다.

최근 급격한 과학기술의 발달과 현대 사회의 여러 특징으로 인해 인간과 삶에 대한 가치가 변화하면서 제반 현상에 대한 윤리적인 판단 기준이 다양화되었으며 이에 따라 윤리 문제에 대한 사회적 관심이 높아졌다. 윤리적 딜레마는 윤리나 도덕의 문제가 내포된 상황에서 만족스런 해결이 불가능해 보이는 어려운 문제 혹은 어떤 선택이나 상황이 동등하게 불만족스런 두 가지 중에서 결정해야 하는 경우라고 정의할 수 있다. 이러한 윤리적 딜레마는 윤리적 가치의 상충, 윤리와 의무의 상충, 불확실성과 밀접하게 관련되어 발생한다. 우리는 윤리적 행위와 관련하여 직관과 추론을 통해 윤리적 판단을 하고, 그 판단에 의거해 윤리적 의사결정을 한다. '저 행위는 해서는 안되는 행위이다.', '저 사람은 윤리적으로 문제가 있는 사람이다.', '저 제도는 공정하지 않은 제도이다.' 등의 선악을 판가름 하는 것이 윤리적 판단이며 이는 윤리적 의사결정의 하위 과정이라고 볼 수 있다. 윤리적 딜레마는 일상생활에서는 어떤 상황에서 어떤 행동을 선택해야 하는지에 대한 고민을 통해 쉽게 접할 수 있다. 이러한 일상생활 속에서의 윤리적 딜레마는 서로 상반되는 가치나 이익을 가진 선택 사이에서 발생하며, 어떤 선택을 하든 어느 한쪽에는 손실이 따르게 된다.

윤리적 딜레마를 설명하는 대표적인 실험은 바로 트롤리 딜레마이다. 트롤리 딜레마는 영국의 철학자 필리파 풋(Philippa Foot)과 미국의 철학자 주디스 자비스 톰슨(Judith Jarvis Thomson)이 고안한 사고실험으로, 다음과 같은 윤리적 딜레마를 말한다.[2]

진화심리학자 마크 하우저(Marc Hauser)는 트롤리 딜레마를 바탕으로 통계 심리 실험을 실시했는데, 그는 도덕적 판단은 이성의 결과이므로 실험 참가자들의 나이와 문화에 따라 답이 다를 것이라고 보았다. 그러나 실험 결과 참가자들의 인종, 나이, 학력, 종교, 문화적 차이를 막론하고 트롤리 사례에 대해서 85%의 참가자가 도덕적으로 허용할 수 있다고 답했

2 두산백과

사례 1

트롤리 사례

트롤리 전차가 철길 위에서 일하고 있는 다섯 명의 인부들을 향해 빠른 속도로 돌진한다. 당신은 이 트롤리의 방향을 오른쪽으로 바꿀 수 있는 레일 변환기 옆에 서 있다. 당신이 트롤리의 방향을 오른쪽으로 바꾸면 오른쪽 철로에서 일하는 한 명의 노동자는 죽게 된다. 이러한 선택은 도덕적으로 허용되는가?

출처: Trolley dilemma – Bing images

사례 2

육교 사례

트롤리가 철길 위에서 일하고 있는 노동자 다섯 명을 향해 빠른 속도로 달려간다. 당신은 철길 위의 육교에서 이 상황을 바라보고 있다. 당신이 트롤리를 세우기 위해서는 큰 물건을 열차 앞에 던져야 한다. 마침 당신 앞에 몸집이 큰 사람이 난간에 기대 아래를 보고 있다. 당신이 트롤리를 세우기 위해서는 그 사람을 밀어야 한다. 떨어진 사람 때문에 트롤리가 멈추고, 철길에서 일하던 노동자 다섯 명의 목숨을 구할 수 있다. 이러한 선택은 도덕적으로 허용될 수 있는가?

출처: Trolley dilemma – Bing images

다. 그러나 육교 사례에 대해서는 12%의 참가자들만이 몸집이 큰 사람을 떨어트리는 것을 도덕적으로 허용할 수 있다고 답했다. 실험 결과에 대해 하우저는 한 사람의 목숨을 희생해 다섯 사람의 목숨을 구하는 것은 두 사례 모두 같지만, 목적을 위해 수단과 방법을 정당화해서는 안 된다는 도덕 가치로 인해 이와 같은 차이가 발생한다고 보았다. 이러한 트롤리 딜레마와 관련된 내용은 뒤에서 배울 윤리적 원리에 입각해서 윤리적 가치판단을 하게 되며, 개인의 가치와 생각에 따라 윤리적으로 옳은 일을 다르게 판단할 수 있다.

이렇게 윤리적 딜레마와 관련된 내용은 일상 생활에서 쉽게 접할 수 있다. 한 환자가 다른 환자에게서 필요한 장기를 이식받을 수 있는 상황에서, 장기를 기부한 사람은 죽게 된다고 했을 때, 어떤 선택이 옳은 것일까? 하나의 생명을 구하기 위해 다른 생명을 희생시키는 것은 어떤 윤리적 고려사항과 관련이 있을까?와 같은 생명 윤리학적 문제로도 접할 수 있다. 또한 한 기업의 비밀 프로젝트에 대한 내부 정보를 공개하면 그로 인해 기업이 피해를 입게 된다. 하지만 그 정보는 사회적으로 중요한 문제와 관련이 있다. 어떤 선택이 공정성과 진실에 대한 책임을 최선으로 이행하는 것일까?와 같은 진리와 공정성 사이의 윤리적 딜레마도 있다. 이러한 딜레마들은 각각의 상황과 문제에 따라 복잡하고 다양한 윤리적 고려사항을 포함하며, 때로는 명확한 해결책이 없는 경우도 있다. 윤리적 딜레마는 개인과 조직, 사회적 결정에서 자주 등장하는 문제로, 이러한 상황에서는 뒤에서 배울 윤리적 원리를 기반으로 하여 주관적인 윤리적 판단과 목표를 고려하는 것이 중요하다.

생각해보기

1. 인류의 의학 발전과 획기적인 치료약 개발을 위해 동물 실험은 중요한 도구이다. 하지만 동물의 권리와 복지에 관한 우려가 있다. 과학적 진보와 동물 보호에 대한 생각은?
2. 안락사, 의료기술을 통한 삶의 연장 드에 대해 개인의 자기결정권이 중요한 것인지 생명의 존엄성이 중요한 것인지?
3. 국가 안보와 개인정보 보호 사이에서, 국가는 안전을 위해 정보 수집과 감시를 해야 하지만 개인의 정보와 사생활 침해 우려가 존재한다. 어떤 것이 옳은 것일까?

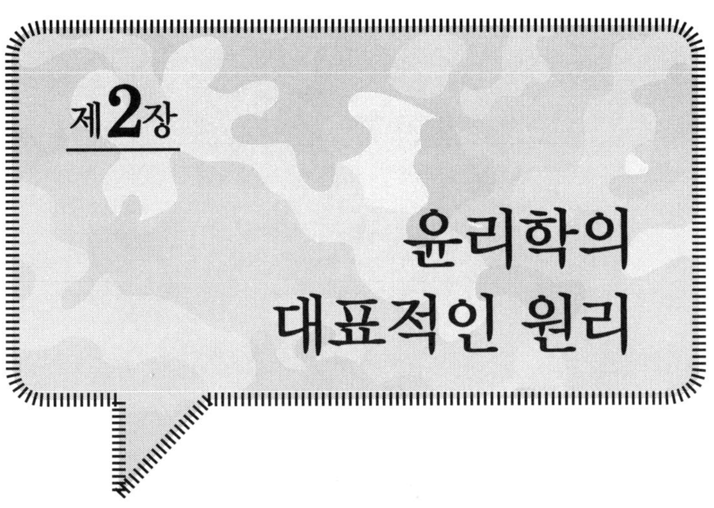

1. 윤리학의 기원

1) 인간과 윤리

윤리학의 근원은 찾는 것은 사실 매우 지난한 일이다. 다만 인류가 등장한 시기가 윤리가 등장한 시기로 볼 수 있지 않을까 추정해 본다.

인류는 등장부터 다른 동물들과 변별되기도 한다. 가령 언어를 사용한다든지, 도구를 익숙하게 사용한다든지, 단순한 집단이 아닌 사회성을 지닌 군락을 형성한다든지, 불을 사용한 예가 바로 그것이다. 하지만 이런 가시적인 차이는 과학이 발달하면서 조금씩 동물들에게도 있었다는 점이 발견되었다.

그러면 인간과 동물의 가장 큰 차이점은 무엇이고, 어떠

한 특성으로 인해 인류가 만물의 영장이 될 수 있었을까 확인해 볼 필요가 있다.

인류와 다른 동물의 가장 큰 차이점은 바로 인간이 스스로를 객관적으로 인식할 수 있다는 사실, 즉 대상화할 수 있다는 점이다. 자기자신을 객관화할 수 있다는 것은 자기중심성을 탈피하여 자신에 대해 반성하는 존재가 된다는 뜻이다. 이러한 반성을 통해 개인은 자신의 입장과 다른 타인의 입장을 동등하게 고려하게 되고 타인을 참된 공정성을 가지고 대할 수 있는 도덕적 능력을 가진 존재가 된다. 이런 과정을 거치면서 인간은 자신의 유한성을 인식함으로써, 자신의 한계를 넘는 존재가 되는 것이다.[3]

인류가 다른 동물과 구별되는 또 한가지는 '인간은 스스로 옳다고 믿는 바를 자주적(自主的)으로 행동할 수 있는 도덕적 주체'로의 가능성을 지닌 존재라는 것이다. 외부의 자극에 따

3 김진만 · 박균열, 『군대와 윤리』, 양서각, 2019, p.24.

른 본능적 행동에 구속된 동물들과는 달리 인간은 본능에 구속받지 않고 그것을 초월할 수 있는 자유로운 의지(free-will)를 지닌 존재라는 점이다. 즉 인간은 누구나 자유의지를 가지고 도덕적 결단을 내릴 수 있는 존재라는 것이고,[4] 여기에서부터 윤리가 등장하는 것이다.

2) 윤리학의 등장

인류가 등장하면서부터 윤리가 존재하였다면, 윤리를 다루는 학문인 윤리학은 언제부터 만들어졌는지에 대한 물음이 생긴다. 동·서양을 막론하고 명확하게 윤리학의 기원을 말할 수는 없지만, 동양에서는 고대 중국 춘추전국(春秋戰國) 시대 제자백가(諸子百家) 중 인(仁)을 강조하던 유가(儒

■공자

출처 : 위키백과

4 위의 책, p.25.

家)의 공자(孔子, BC 551~479)에서 찾으면 되지 않을까 생각한다. 인을 강조하던 유가사상은 윤리학이면서 실천학문이기도 하였다.

서양에서의 학문체계는 동양의 학문체계가 지니는 통섭(統攝)의 성격과는 달리 세분화되고 전문화된 경향을 보인다. 서양에서의 윤리학의 기원은 대체적으로 동양(중국)의 춘추전국시대와 비슷한 시기인 그리스가 서양 문화를 선도하던 시기로 생각한다. 즉 동서양을 막론하고 선사시대를 지나, 역사를 기록하기 시작한 시기부터 윤리가 단순한 실천원리에서 학문으로 정착하지 않았을까 생각하며, 이는 문자의 보급으로 인해 인간의 인지능력 또한 큰 성장을 하였기 때문이라 생각한다.

동양과는 달리 우리에게 잘 알려지지 않은 서양에서의 윤리학의 기원을 찾아보겠다. 서양에서의 윤리학을 얘기하자면 서양의 철학세계를 이해해야 한다.

3) 자연주의 철학자들의 등장

앞에서 기술하였듯이 당시 서양은 그리스가 문화를 주도하였던 시기였다. 당시 그리스인들은 상업의 발달로 인해 그리스 반도뿐만 아니라, 아시아, 아프리카 대륙 일부에 식민지를 건설하였으며, 여기에서 서양의 철학 및 사상이 시작되었다.

당시 철학자들은 그리스의 식민지인 이오니아 지역에서

많은 활동이 이루어졌기에 이 그리스와 페르시아의 접경지역인 이 지역의 이름을 따서 이오니아학파로 불리기도 했으며, 이오니아 지역의 대표적인 도시국가인 밀레토스의 이름을 가지고 와, 밀레토스 학파로 불리기도 하였다.

당시 철학자들은 자연철학자로 불리었다. 그 이유는 당시 철학자들의 관심사는 세상은 무엇으로 이루어져 있으며, 어떤 원리로 유지 및 운동하는가에 관심을 가졌기 때문이다. 이들은 경험적인 철학을 중시했으며, 세상을 이루는 하나의 근본 물질이 변화, 소멸, 생성하는 과정을 연구하였다.

대표적인 철학자로는 탈레스(BC 624~546)로 그는 철학의 아버지라고 불리웠다. 그는 일식(日蝕)의 원리, 1년이 365일로 이루어졌다는 사실, 그리고 1달은 30일이라는 사실을 발견하였다. 그리고 세상, 즉 만물을 이루는 근원은 다름 아닌 '물'이라고 주장하였다.

■탈레스

출처 : 위키백과

■아낙시만드로스

출처 : 위키백과

■아낙시메네스

출처 : 위키백과

다음은 아낙시만드로스(BC 610~546)이다. 아낙시만드로스는 탈레스의 제자로, 만물의 근원은 양적으로, 질적으로 무한한 아페이론(apeiron=무규정자, 무한정자)이라고 하였다. 아낙시만드로스는 세상을 이루고 있는 4가지 원소 즉, 물 · 공기 · 불 · 흙의 중간에 아페이론이 존재하고 있다고 보았고, 이러한 아페이론의 성질로 인해 '중간자' 또는 '중성자'로 불리기도 했다.

아낙시메네스(BC 585~528)는 아낙시만드로스의 제자로서, 만물의 근원은 '공기'로 보았으며, 공기가 두꺼워지면 바람으로 변화하고, 바람은 구름이 되고, 구름은 물이 되고, 물은 진흙, 진흙은 돌이 된다고 보았다. 반면에 공기가 얇아지면 불이 된다고 보았다. 그리고 인간의 영혼도 공기로 이루어졌다고 보았다.

참고로 서양에서 자연철학자들이 등장하던 시기에 동양에서는 만물의 생성과 변화를 음(陰)과 양(陽), 무극(無極)과 태극(太極), 목(木) · 화(火) · 토(土) · 금(金) · 수(水)와 같은 음양오행설(陰陽五行說)로 설명하였다.

그 외에도 이탈리아 남부 티레니아(Tyrrhenian) 해안의 엘레아(Elea)를 중심으로 일단의 철학자들이 등장했는데, 이들을 엘레아 학파라고 불렀다. 엘레아 학파는 밀레토스학파가 자연철학에 기반을 둔 사상을 주장한 것에 비해, 논리학을 기반으로 하는 형이상학 철학, 즉 추상적 철학을 주장하였으며, 불변하는 실체가 존재한다고 보았다. 대표적인 철학자로는 수(數)로 모든 만물을 설명할 수 있다고 한 피타고라스(BC 585~500 추정)가 있다. 피타고라스는 숫자로 모든 이치를 설명하려 노력했는데, 1은 모든 수의 원천, 2는 의견, 3은 조화, 4는 정의, 5는 결혼, 6은 창조, 7은 7개의 행성으로 설

■피라고라스

출처 : 나무위키

■데모크리토스

출처 : 위키백과

명하였다. 유명한 수학이론인 '피라고라스의 정의'도 현재까지 전하고 있다.

데모크리토스(BC 460~370 추정)는 만물의 근원을 찾으려는 시도를 통해, 자연철학자로 보기도 하지만 학문적인 근원은 엘레아 학파에 속한다. 데모크리토스는 만물을 더 이상 쪼갤 수 없는 단위까지 쪼개면 원자(原子, Atom)로 이루어져 있다고 설명하였다. 변변한 과학 도구가 없는 시대에 인간의 인지능력만으로 원자설을 이끌어 내었다는 점에서 철학 및 과학사에 끼친 영향을 매우 크다고 하겠다.

그 외 제논의 역설의 유명한 제논(BC 335~BC 263)도 엘레아 학파에 속한다. 제논의 역설은 사물이 움직이고 있다고 느끼는 것은 모두 환상이라는 이론이다. 이를 뒷받침하는 사례가 '아킬레우스와 거북이의 경주' 이야기이다. 제논의 역설은 이후 나타나는 소피스트(Sophist)들에게도 영향을 준다.

■제논

출처 : 위키백과

밀레토스 학파와 엘레아 학파는 자연철학과 추상철학으로 조금 다른 길을 걷고 있었지만, 만물의 실체에 대한 관심은 동일하였다. 하지만 이들이 찾고자 하는 절대적인 근원은 인간의 능력으로 알 수도 없고, 검증할 수도 없는 지혜, 즉 신(神)만이 알 수 있는 지혜로 결국 절대적이고, 보편적인 진리 탐구에는 한계를 보이게 된다.

4) 소피스트의 등장과 그 영향

인류는 절대적이고 보편적인 지혜를 얻으려는 한계상황에서 벗어나 상대적이면서도 인간적인 문제에 관심을 가지기 시작했다. 즉 이해하기 어려운 자연현상보다는 실제적인 현실세계가 당시 지식인들에게 관심의 대상이 되었다.

이때 등장한 일군의 학자들은 우리는 소피스트(sophist)이다. 소피스트는 'sophia(지혜)+ist(사람)'의 합성어로 지자(智

者), 현인(賢人), 즉 지혜로운 사람으로 불리었다. 이들은 고대 그리스의 철학사상가이자 교사로서, 설득을 목적으로 하는 논별성을 강의하였다. 이들이 등장한 것은 당시 정치적 상황도 큰 역할을 한다.

당시 그리스는 스파르타, 테베, 콜린트와 같은 기존 강대국 외에 아테네라는 신흥 해양 무역 국가가 부각되었다. 작은 도시국가였던 아테네는 규모가 작기에 국가 구성원들이 이웃 국가와의 전투에서 시민들이 직접 참전하였다. 그러다 보니 시민들의 발언권이 커지게 되었으며, 시민들은 민회(民會)에 직접 참여하여 정치적인 역량을 발휘하였다. 당시 정치에 참여할 수 있는 참정권은 20세 이상의 성인 남성으로, 이들이 바로 전쟁에 참여한 이들이었다.

이러한 직접 민주정은 시민들이 정치에 참가함으로써, 다수의 의견이 관철되기도 했지만, 소수의 의견이 무시되고, 악법에 의해 희생당하는 경우도 생기게 되었다. 이러다 보니 개인이 지닌 화법능력과 논별술이 매우 중요한 정치적 역량으로 요구되었고, 이러한 시대적 분위기에서 등장한 이들이 바로 소피스트이다. 이들은 이러한 실용적인 변론술, 웅변술, 수사학들은 그 시기에 큰 호응을 받았다.

기원 전 5세기경 그리스에서는 사상, 정치, 사회 다방면에서 새로운 국면을 맞이하게 된다. 자연과 철학을 바라보는 새로운 사유가 등장하게 되는데, 위에서 언급했듯이 절대적인 사상에 대한 회의를 가지게 되었는데, 절대 보편적인 자연현상 및 사상은 신의 영역이라고 생각하고, 절대주의(絶對主義)에 대한 회의(懷疑)를 품게 되었는데, 이는 즉 상대주의(相對主義) 및 인간주의(人間主義)에 관심을 가지게 되었다.

이를 주도한 것이 바로 소피스트들이고, 이들은 보편적인 진리를 의심하고 진리와 정의를 상대적인 기준으로 보았으며, 주정주의(主情主義: 이성보다는 감성을 더 중요시 경향)를 선호하였다.

소피스트를 대표하는 철학자로 프로타고라스(BC 485~414)가 있다. 프로타고라스는 '인간은 만물의 척도이다.'라는 말을 남겼는데, 이는 절대적인 진리나 해답은 존재하지 않으며, 만물에 대한 평가는 개개인 인간에 따라 달라질 수 있는 주관적이고, 상대적인 것이라는 의미이다.

소피스트들은 기존 밀레토스 학파의 자연철학, 엘레나 학

■프로타고라스

출처 : 위키백과

파의 추상적 철학보다는 경험세계가 더 중요하다고 말하고 있으며, 현실 속 인간과 사회에 대한 관심으로 시선을 변화시켰다. 철학(哲學)이 인간을 탐구하는 학문이라는 점에서 이들의 역할은 매우 지대하였다.

고르기아스(BC 485~385 추정)는 '진리란 없다. 설령 존재하더라도 알 수는 없다.'는 말로 절대적인 진리를 부정하였으며, 언어가 지닌 힘을 강조하였다.

히피아스(BC 5세기 경)는 뛰어난 논별술을 바탕으로 실제 외교관으로 활동하였으며, 소크라테스와 토론을 가진 것으로 잘 알려져 있다.

트라시마코스(BC 459~400)는 '보편적 정의란 없으며, 정의는 강자의 이익에 따라 만들어졌다'라는 말을 남겼으며, 소크라테스와 정의에 대한 논쟁을 한 것으로 알려져 있는 사람이다.

초기 소피스트들은 기존 그리스 시대에 무비판적으로 받아들여졌던 일체의 도덕, 관습, 권위들을 부정하면서, 인간과 현실 중심의 세계로 사람들의 관심을 돌렸다는 점에서 긍정적인 부분도 있지만, 기존의 모든 권위가 붕괴되면서, 절대적인 진리가 부재한 상황에서 맞이하게 되는 혼란을 초래하기도 한 점에서 부정적인 영향도 크게 끼쳤다. 또한 이들이 지닌 화법능력과 논별술은 철학적 사유가 빠져 있어, 후기에는 궤변론자(詭辯論者: 형식적으로 타당해 보이는 논증을 이용해서 거짓인 주장을 참인 것처럼 보이게 하는 사람)라고 불리기도 했다.

절대적인 권위가 부정당하면서 생기는 문제점이 윤리에 대한 부분인데, 상대적이고, 인간 중심의 시각에서는 기존의 절대성을 가지고 유지되고 있던 윤리가 위협받을 수 밖에 없게 된다. 이렇게 되면서 당시 사람들은 도덕적 아노미(무규범 상태)에 빠지게 되었다. 즉 자기중심적 사고가 만연되면 타인에 대한 존중이나 질서가 바탕이 된 윤리는 도전받을 수 밖에 없고, 그 필요성도 희석될 수 밖에 없는 위기에 봉착하게 된다.

5) 소크라테스의 각성과 윤리학

소크라테스(BC 470년 경~BC 399년 5월 7일)는 고대 그리스의 철학자이다. 그리스 아테네에서 태어나 일생을 철학에 몰두하여 서양 철학의 아버지라고 불린다.

■소크라테스

출처 : 위키백과

소크라테스는 석공이자 조각가였던 아버지 소프로니코스와, 산파(産婆)였던 어머니 파이나레테 사이에서 태어났다. 어렸을 때는 아버지 밑에서 석공 기술을 배우며 철학, 기하학, 천문학 등을 공부했고, 청년에서 40세까지 세 번에 걸친 전쟁에 중장보병으로 전투에 직접 참여하였다. 40세 이후에는 우리가 아는 교육자로서의 역할을 수행했으며, 500명 공회의 원로로 정치에도 관여하였다.

소크라테스의 철학은 자연철학에 기반을 두고 시작하였지만, '세상은 ○○으로 이루어졌다.'라는 기계론적 세계관에 불만을 가지게 되었다. 그 당시 아테네는 보수적이고 귀족적인 정신과 진보적이고 개인주의적이며 비판적 정신이 서로 경쟁하던 시대였다. 즉 왕과 귀족을 중심으로 한 왕정과 시민들을 기반으로 한 민주정이 서로 경쟁하던 시기였기에, 사람들의 관심과 시선도 신(神, 자연)보다는 인간중심으로 옮겨져 있었다. 소크라테스도 신과 자연을 논의하는 자연철학보다는 인간의 사고나 의지에 관심을 두는 인간철학에 몰두하였다. 이런 점에서 소크라테스의 철학과 소피스트의 철학은 공통점을 지니고 있다. 즉 소크라테스와 소피스트는 인간의 인식, '앎' 또는 '진리'에 대해서 관심을 가지고 있었다.

하지만 이 두 철학자들 사이에서 '앎'과 '진리'에 대한 접근방식은 완전히 달랐다.

소피스트들은 절대적인 '앎'과 '진리'는 사람마다 다르거나, 존재하지 않거나 존재하더라도 알 수가 없다라고 주장하게 된다. 즉 보편적 지식이나 진리, 도덕은 없고 주관적이고 상대적인 지식과 진리만이 존재한다고 하였으며, 지식은 시대와 장소에 따라 얼마든지 변할 수 있다는 상대주의적 진리관을 가지고 있었다. 그래서 인간이란 개별적인 인간을 의미하며 따라서 보편적인 척도는 존재하지 않는다고 하였다.

이것은 단순히 '앎'과 진리에 대한 문제로 끝나지는 않았다.

보편적 '앎'과 진리의 부재, '회의주의'는 결국 인간의 윤리나 도덕에도 영향을 미치게 된다. 보편적 '앎'과 진리가 없다는 이야기는 결국, 인간을 인간답게 만드는 윤리의 부재, 즉 '윤리적 회의주의'의 문제와도 귀결된다. 소피스트들의 주장대로라면, 개별적인 인간이 정한 규칙이 정의가 되기에, 사회가 지켜야 하는 보편적인 척도인 윤리는 굳이 필요가 없거나, 지킬 필요가 없게 된다는 것이다. 즉 소피스트의 이론인 상대주의적 진리관은 결국 윤리적 회의주의와 연결된다. 윤리적 회의주의는 결국 사람들을 도덕적으로 타락시키게 된다. 실제로 소크라테스가 살았던 시대는 전반적으로 아테네 민주주의가 부패하던 시기였고, 이로 인한 개인윤리의 타락이 극심한 시대였다.

소크라테스는 소피스트의 생각과 정면으로 충돌하였다. 소크라테스는 소피스트들처럼 '앎'과 진리를 상대적이고 주관적인 것으로 해석하기보다는 객관적이고 보편타당한 진리를 찾고자 하였으며, 이는 이상주의적, 목적록적 철학과 연계가 되어있다. 소크라테스는 누구나 수긍하고 따를 수 있는 보편적인 '앎'과 진리를 추구하였다.

그리고 보편적인 '앎'과 진리에의 추구는 윤리와도 직결된다고 생각하였다. 소크라테스는 소피스트들과는 달리 인간이면 반드시 지켜야 할 보편적인 윤리가 있음을 강조하였다. 소크라테스는 장인(匠人)이 아레테(ἀρετή, 훌륭함, 탁월함이라는 뜻)를 발휘하려면 자신의 기술에 대해서 잘 알아야 하듯, 인간으로서의 아레테, 즉 덕(德)을 발휘하려면 덕이 무엇인지 알아야 한다고 생각하였다. 즉 '지덕일체론(知德一體論)'을 강조하였다. 즉 정확하게 '앎'과 진리를 인식해야 하고, 이것은 바로 '덕(德)'이며, 이것을 알았다면 이것을 몸소 행하여야 한다는 것이다.(지행합일론(知行合一論)

이러한 생각은 동양의 유교에서도 강조되었다. 즉 '지식과 덕과 행동의 일치'가 진정한 의미의 진리라고 본 것이다.

또한 "너 자신을 알라"라는 말은 '너 자신의 무지(無知)를 정확히 알고, 바른 '앎', 즉 '덕'을 인식하고 이 '덕'(윤리)을 행하기 위해 노력하라'라는 뜻이다. 여기에서 나를 안다는 것은 나의 영혼의 상태가 어떠한지를 인식하고, 올바른 길로 가야 한다는 것이다. 윤리적인 행동은 무엇이 올바른 행동인지 아는 것, 곧 '앎'의 인식이 중요하다라는 것이다. 다르게 표현하면, 소크라테스는 여러 악덕을 '무지'에 기인한 것이라고 판단

했다. 따라서 덕은 이성적 사고의 기초 아래에서 생겨난다고 판단하였으며, 덕의 확대는 사회를 더 이성적인 상태로 만들 수 있는 절대적인 기준점으로 보았다. 즉 악덕한 자는 필연적으로 '앎'이 부족한 무지한 상태에 있다고 봤으며, 이러한 '지덕일체론'은 그가 윤리 · 도덕적인 측면을 강조하게 만들었으며, 이는 주지주의 윤리학으로 발전하였다. 즉 소크라테스의 생각은 소피스트의 상대주의 진리관이나, 윤리적 회의주의와는 배치될 수밖에 없었다.

소크라테스는 덕은 인간에 내재한다고 믿고 사람들에게 이를 깨닫게 하기 위해 온갖 계층의 사람들과 대화를 나눔으로써 사람들에게 자신의 무지함을 일깨워 주고 용기나 정의 등에 관한 윤리상의 개념을 설교하고 다녔다. 그는 지혜를 사랑하는 마음으로 정의 · 절제 · 용기 · 경건 등을 가르쳐 많은 청년들에게 큰 감화를 끼쳤으며, 스스로가 매우 검소한 생활을 실천하였다.

소크라테스는 사람들의 무지를 깨닫게 하기 위해 대화법, 산파술이라는 교수법을 사용하는데, 이것은 소크라테스 부모님의 직업에 기인한 교수법이기도 하다. 대화법은 부모님의 아버지의 직업에 영향을 받아, 조각가가 돌을 한 조각, 두 조각 다듬어 연마해나가는 것처럼 대화상대의 비논리적인 부분에 끊임없이 질문하는 문답을 통해 무지함을 깨닫도록 도와주는 기법이다. 이런 논박술을 통해 상대의 무지를 일깨운 뒤

산파였던 어머니의 영향을 받아, 질문을 이어가는 소크라테스는 산파자로서 답변해 나가는 대화자를 산모로 바라보고, 대화의 상대자가 자신의 영혼 내부에 잉태되어 있는 진리를 산출해 내도록 유도하였다. 이를 영혼의 돌봄으로써 윤리적인 인간이 되도록 유도하였다.5

소크라테스와 소피스트의 결정적 차이는 인간이 윤리적 회의주의로 나아간다는 소피스트의 생각에 반대한다는 점이다. 소피스트들은 인간의 능력에 대한 신뢰를 너무 일찍 포기하였다. 이성(理性)은 초인간적인 능력을 갖고 있는 것은 아니지만, 그렇다고 전적으로 무용한 것도 아니다. 소크라테스는 이성의 인도를 받아 인간의 이기심과 공공선을 조화시켜 주는 윤리적 원리를 발견할 수 있다고 믿었다. 소피스트들은 인간주의를 회의주의와 결합했기 때문에 윤리학의 문제영역을 확보할 수가 없었다. 그들은 개인의 이익과 공공선의 조화라는 관점에서 생각하지 못했던 것이다. 이에 반하여 소크라테스는 인간주의와 전통적인 자연철학의 합리주의적 요소를 수용함으로써 학문으로서의 윤리학을 출현시킬 수가 있었던 것이다.6

여기에 소크라테스는 인간의 유한성을 부각하였다. 인간은 신(神)과 같은 영생(永生)을 가지거나, 모든 것을 다 아는

---

5 naver, 블로그, '마케터현이' 참조.

6 김진만, 박균열 공저, 『군대와 윤리』, 良書閣, 2019, p.38.

전지(全知)적인 존재가 아니기에, 죽음을 두려워하고, 알지 못하는 것에 대한 경외심과 호기심을 가질 수 밖에 없다. 이러한 물음은 '유한한 삶에서 어떻게 살아갈 것인가?'에 대한 물음과 일치하는 것이며, 유한한 삶에서 항상 답을 찾아가면서 반성하면서 살아갈 수 밖에 없는 것이다. 이것이 바로 '인간은 윤리적 동물이다'라는 명제를 만들게 되었으며, 소크라테스를 서양윤리학의 시초로 명명하는 것도 이 때문이다.

2. 윤리적 상대주의와 절대주의

최근 개고기 식용에 대한 문제가 사회이슈로 떠오르고 있다. 이는 문화적 상대주의에 기반한 갈등상황이다. 문화적 상대주의는 가치 상대주의에 근거하며, 가치 상대주의는 인간이 그가 속한 문화권(文化圈)에서 사람들의 인식에 영향을 준다. 하지만 단순히 생활관습이나, 문화에만 영향을 주는 것이 아니라, 그 문화권 내에 사는 사람들의 도덕적 신념과 규범체계에도 영향을 준다. 대표적인 경우가 아직 이슬람문화권에 남아있는 '불륜에 대한 사적 제제' 등이다. 이를 윤리적 상대주의라고 한다.

문화적 상대주의에 기반한 윤리적 상대주의는 그 문화권 내에서는 인정받고, 통용될 수는 있으나, 타 문화권에서는 배척의 우려가 충분히 있다. 이러한 난점으로 인해 오히려 윤리적 상대주의는 윤리적 회의주의를 불러오기도 했다.

윤리적 회의주의는 말 그대로 각 문화권마다 다른 도덕적 잣대가 있다는 것으로 결국 보편적인 윤리란 존재하지 않는다는 의미로 '윤리가 과연 필요한가?'라는 의구심까지를 갖게 한다.

그러면, 윤리적 상대주의의 반대에 위치하고 있는 윤리적 절대주의는 어떠한지 살펴볼 필요가 있다.

윤리적 절대주의는 신의 섭리, 우주의 이법(理法)이나 세계이성과 같은 궁극적이고 본질적인 것에 근거한다. 자연은 하나의 정신 혹은 세계이성에 의해 지배된다는 고대 그리스 · 로마의 철학은 인간의 삶을 자연에 합일시킴으로써 도덕규범의 실천을 강조하였다. 중세에는 신(神)이 세계와 인간을 창조한 조물주이기에 인간의 윤리적 행위 역시 신의 거룩한 의지에 합치할 경우 선(善)이고, 위배할 경우 악(惡)으로 간주됨으로써 윤리적 절대주의의 종교적인 근거가 설립되었다. 윤리적 절대주의 또한 문제점이 없는 것은 아니다. 절대적 목적 또는 법칙을 연역적 논리로 논증하거나 경험적 사실을 제시하여 완전하게 증명할 수가 없고 다만 자명하다는 명증설(明證說)에 호소할 수밖에 없다. 하지만 위에서 제시했듯이 윤리적 상대주의는 보편성과 일관성의 면에서 윤리적 절대주의보다 더욱 문제가 있기에 윤리학에서는 윤리적 절대주의만을 윤리의 원리로 보고 있으며, 윤리학의 원리로서 윤리적 절대주의는 목적론적 윤리설과 의무론적 윤리설로 나누고 있는데, 이에 대해서는 다음 절에서 다루도록 하겠다.[7]

3. 목적론적 윤리설

1) 목적론적 세계관과 아리스토텔레스

인간들은 사물(事物: 인간의 사회현상, 자연)을 바라볼 때 동일한 시각으로 사물을 바라보는 것이 아니라, 개개인마다 다른 시각 또는 관점에서 그 사물을 바라보곤 하였다. 이를 성리학에서는 관물법(觀物法)이라고 불렀다. 이러다 보니 개인에 따라 사물을 바라보는 방법이 천차만별일 수밖에 없었다. 여기서 논의할 세계관 또한 관물법의 하나라 할 수 있다. 인

■아리스토텔레스

출처 : 위키백과

7 위의 책, pp.74~75.

류는 크게 목적론적 세계관과 기계론적 세계관을 통해 사회 현상과 자연을 이해하려 하였다.

목적론적 세계관은 "모든 존재에는 목적이 있고 모든 존재는 이 목적을 향해 가야 한다"고 보는 세계관이다. 즉 모든 사물은 생성에서 소멸까지 어떤 목적성을 가지고 있다는 것이다. 이것은 모든 현상과 인간의 행동까지도 목적을 지니고 있다는 것으로, 아리스토텔레스 시기로부터 시작하여 근대 과학이 태동하기 전까지 인류의 주된 세계관이었으며 여기에는 종교적 관점도 추가되어 있다.

기계론적 세계관에서 모든 현상은 법칙 및 과학적 원리로 설명할 수 있다는 것에서 출발한다. 이는 갈릴레이 등이 활동하던 근대 과학의 태동기에 나타난 세계관으로 목적론적 세계관의 종교적 관점을 벗어나 수학적 방법의 자연법칙에 의해 세계를 이해하며, 분석하는 세계관이다. 소피스트 이전의 자연철학도 큰 의미에서 보면 기계론적 세계관으로 보기도 한다.

본 절에서는 아리스토텔레스의 목적론적 세계관과 이에 기반한 목적론적 윤리설을 알아보겠다.

아리스토텔레스(BC384~BC322)는 플라톤의 제자로 잘 알려져 있다. 플라톤은 소크라테스의 제자인데, 플라톤이 소크라테스의 학문적 영향력을 그대로 이어받았다면, 아리스토텔레스는 플라톤의 철학과 다른 견해를 보이면서 학문적인 성장을 이루었다.

■아테나 학당

출처 : 위키백과

라파엘로의 그림 '아테나 학당'에서 두 사람의 손이 지향하는 방향이 두 사람의 철학적 이견을 잘 설명하고 있다. 플라톤은 감각의 세계는 항상 변하지만, 형상(forms)의 세계는 절대 변하지 않는다고 생각하였다. 플라톤과 아리스토텔레스는 이 변하지 않는 IDEA(이데아)와 형상의 세계가 참된 실재(reality)라고 생각했다. 그러나 실재가 감각 경험과 동떨어져 있다고 이분법적인 생각을 했던 플라톤과 달리, 아리스토텔레스는 감각 경험을 일으키는 대상이 일차적 실재성을 갖는다고 보았다.[8]

아리스토텔레스의 윤리사상은 목적론적 세계관과 같이 이해해야 한다.

---

8 NAVER, 포스터, '한국물리학회' 홈페이지에서 인용.

아리스토텔레스는 세계는 크게 형상(形相, eidos)과 질료(質料, hyle)로 구성되어 있다고 보았다. 즉 이 세계의 모든 사물은 형상과 질료의 측면을 갖고 있다는 것이다. 또한 이 세계에서는 가장 순수한 형태의 질료라고 할 수 있는 순수질료와, 그리고 궁극의 형상을 의미하는 순수형상, 그리고 그 사이에 형상과 질료가 섞인 개별적 사물이 존재한다고 보았다. 아리스토텔레스는 세계의 모든 사물은 순수질료에서 순수형상으로 운동한다고 생각하였다. 순수질료에서 순수형상으로 다가가려는 노력 그것이 바로 목적론적 세계관이다. 이를 그림으로 그려보면 다음과 같다.

■아리스토텔레스의 목적론적 세계관[9]

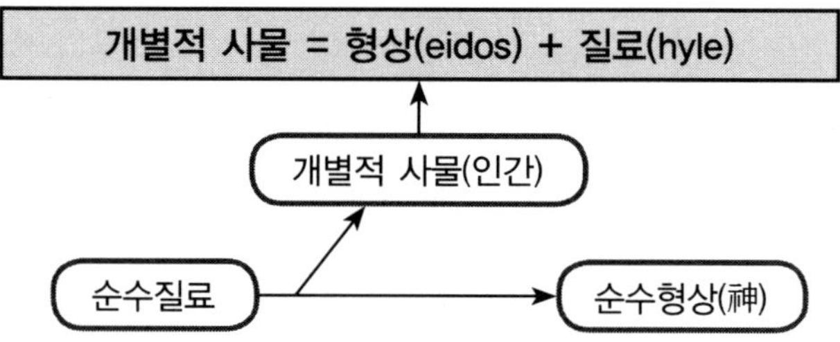

실제로 순수질료라고 하는 것은 현상세계에는 존재하지 않겠지만 무엇이든 만들 수 있는 가장 이상적인 질료로 보는 것이 옳을 것이고, 순수형상 또한 최종적으로 우리가 생각해낼 수 있는 가장 이상적인 형상으로 보는 것이 옳을 것이며,

9 위의 책, p.76 참조

이 또한 현상세계에는 존재하지 않을 것이다. 즉 우리 인간이 사는 현상세계에는 실제로 순수질료와 순수형상은 존재하지 않고, 순수질료에서 순수형상으로 변화하는 과정의 중간에 있는 개별적 사물만이 존재하고 있는 것이다. 그리고 그 개별적 사물의 대표적인 것이 바로 인간인 것이다.10

그렇다면 순수형상은 무엇일까? 순수형상은 개별적 사물 즉 인간이 최종적으로 다다를 수 있는 궁극적인 형상으로 다른 말로 신(神)이라 명명할 수 있겠다. 그리고 개별적 사물인 인간이 궁극의 형상인 신을 닮아가기 위해 노력하는 과정, 즉 목적을 가지고 나아가는 과정을 바로 목적론적 세계관이라 할 수 있겠다.

다시 설명하면, 아리스토텔레스의 목적론적 세계관이란 '인간의 모든 행위는 어떠한 목적을 가지고 있으며, 그것은 보다 높은 목적의 수단이 되고, 이러한 목적과 수단의 관계를 거슬러 올라가게 되면 마침내 궁극적인 최고목적에 도달'된다는 것

---

10 실제 자연현상에서는 형상인과 질료인만이 있으나, 인위적인 운동에서는 형상인, 질료인, 동력인, 목적인이 있다. 교탁을 예로 들면, 교탁의 설계는 형상인, 목재는 질료인, 목수의 노력이 동력인, 최종 만들어진 교탁이 목적인이 된다.

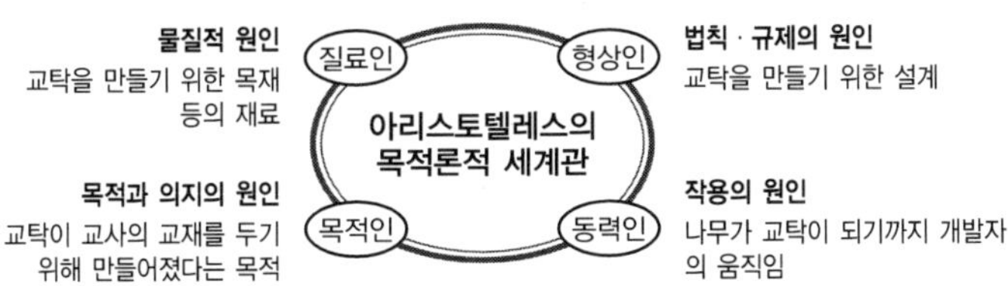

이다. 이를 순수형상으로 불렀으며, 다르게 표현하면 '신(神)'이라고 부를 수 있겠다.

2) 아리스토텔레스의 윤리관

아리스토텔레스가 얘기하던 순수형상은 과연 무엇일까? 개별적 사물인 인간이 순수형상인 신(神)을 염원하였는데, 아리스토텔레스가 염원한 것은 실제 '신(神)'이 되고자 하는 것이 아닌 '선(善)'을 구현하는 것이다.

아리스토텔레스는 모든 기술과 연구, 그리고 모든 행동의 추구는 "어떤 선(善)을 목표로 삼고 있다."고 보았다. 최고의 목적이자 궁극의 목적으로서 선은 결코 다른 것의 수단이 될 수 없고, 그 자체로서 선이어야 한다. 그리고 이러한 최고선(The Highest good)을 찾아가는 과정이 바로 윤리학이라는 것이다.[11]

인간마다 모두 다른 부분에서 각자의 선을 추구하고 있다. 군인의 경우, 국방 및 평화유지를, 선생님은 제자들의 바른 교육을, 의사는 환자의 건강을 본인이 염원하는 '선(善)'으로 삼고, 이를 위해 노력할 것이다. 하지만 이러한 선들은 단순히 수단적인 '선'으로서 그 위에는 이를 능가하는 초월적인 '선'인 '최고선(最高善)'이 존재하고 있다. 국방, 바른 교육, 환

---

11 앞의 책, p.77.

자의 건강은 초월적인 '선'인 '최고선'에 도달하기 위한 하위의 '선'이라는 말이다.

'최고선'은 '언제나 그 자체로서 바람직하고, 무조건적이고, 궁극적인 선'이어야 하는데, 아리스토텔레스는 이를 행복(幸福)이라고 생각하였다. 행복은 다른 어떤 것 때문에 추구하는 것이 아니며, 혹은 다른 것의 수단이 절대 될 수 없고, 그 자체로서 충분히 추구할 만한 가치가 있는 것을 의미한다.

그러면 '행복'을 추구하기 위해서 어떠한 노력을 해야 할까? 아리스토텔레스에게 있어서 행복은 '좋은 삶'과 '좋은 활동'을 의미하였다.

여기에서 어떠한 삶과 활동을 '좋은 삶'과 '좋은 활동'이라고 하는 것인지를 확인해 볼 필요가 있다.

인간은 다른 동 · 식물과는 다르게 이성적 생활(理性的 生活)을 하고 있다. 이성(理性)은 다른 동 · 식물에는 없는 인간만이 지니고 있는 독특한 기능이다. 이 독특한 기능이 행복이라는 목표를 향하게 되면, 더욱 의미있는 기능으로 발현된다.

행복이란, 인간 고유의 기능을 가장 잘 발휘할 수 있는 최선의 상태를 의미한다. 다시 말하자면, 인간의 참된 행복이란 인간이 이성적 생활을 할 수 있는 것을 의미하며, 이것은 다른 말로 덕(德, Arte)을 쌓는 행동이라고 할 수 있다.

그러면 덕이라는 것은 어떻게 쌓을 수 있을까?

아리스토텔레스는 인간의 정신 구성을 크게 4단계로 나누어 설명하였다. 먼저 이성적(理性的) 부분과 무이성적(無理性的) 부분으로 분류하고, 이성적 부분은 다시 인식하는 부분과 사려하는 부분으로 세분하였다. 무이성적 부분은 다시 동물적 부분과 식물적 부분으로 세분하였다.

여기에서 인식하는 부분은 가장 상위 단계라고 할 수 있으며, 신적(神的)단계로 볼 수 있다. 즉 인간으로서는 도달할 수 없는 단계이며, 모든 것을 초월한 관조적 삶을 사는 단계로 볼 수 있으며, 윤리를 뛰어넘는 초윤리적 단계라고 할 수 있다.

다음은 사려하는 부분과 동물적 부분이다. 이는 인간이 도달할 수 단계로 윤리적 단계로 볼 수 있다. 이 중 사려하는 부분은 보통의 인간으로서는 도달하기 힘든 윤리적 단계로, 우리가 보통 얘기하는 성인(聖人)들이 여기에 해당하지 않을까 한다.

다음 단계는 동물적 부분이다. 동물적 부분에 대다수 인간들이 해당할 것이다. 동물적 부분은 욕정적 부분이지만, 어느 정도 이성을 가지고 있는 단계이다. 즉 욕망이라는 무이성적 부분이 작용하지만, 욕정적인 부분인 감정을 잘 극복하고, 추스르면서 이성적인 부분인 윤리를 추구하기 위해 노력하는 단계로 보면 될 것이다.

마지막으로 식물적 부분이다. 식물적 부분은 정신의 무활동 상태로 양분섭취와 같은 상태를 의미하며, 윤리를 논할 수 없는 전(前) 윤리적 단계를 의미한다. 실제 여기에 해당하는 인간들을 없다고 보면 될 것이다.

이를 그림으로 나타내면 아래와 같다.

■인간 정신의 구성

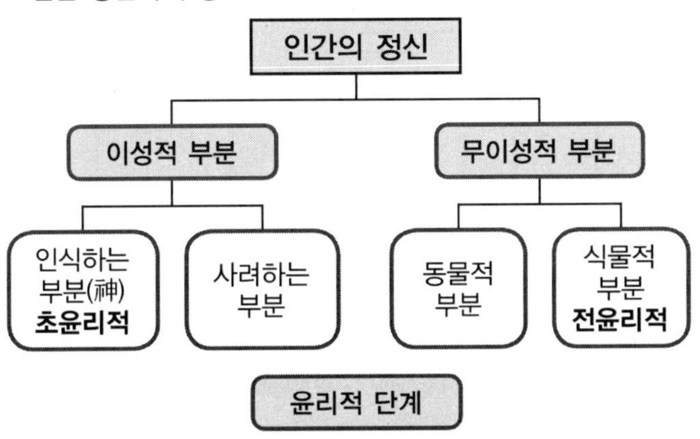

동물적 부분인 욕정적 부분은 인간의 욕심과 감정인 오욕칠정(五慾七情)12과 관련된 부분이다. 욕정이란 것은 덕(德)일 수도 있으며, 악(惡)일 수도 있다. 그 이유는 욕정은 넘치거나 부족하면 원래 지니고 있는 좋음이 상실되기 때문이다. 예를 들어 '용기(勇氣)'라는 욕정(감정)은 넘치거나 부족하지 않은 가장 이상적인 형태의 욕정이라 하겠다. 하지만 이것이 넘

12 오욕(五慾)은 인간의 다섯 가지 욕심으로 재물욕(財物慾), 식욕(食慾), 색욕(色慾), 명예욕(名譽慾), 수면욕(睡眠欲)을 의미하며, 칠정(七情)은 인간의 감정인 '희노애락애오구(喜怒愛樂哀惡懼)'를 의미한다. '희(喜)'는 기쁨, '노(怒)'는 노여움, '애(愛)'는 사랑, '락(樂)'은 즐거움, '애(哀)'는 슬픔, '오(惡)'는 미움, '구(懼)'는 두려움을 의미한다.

치게 되면, 소위 '오랑캐의 용기'라 불리는 '만용(蠻勇)'이 된다. 반대로 이것이 부족하게 되면, '비겁'이라고 불리게 된다.

■중용이란

아리스토텔레스에 의하면 욕정을 가장 쓸모있게, 즉 유덕(有德)하게 하기 위해서는 그 욕정이 과잉과 부족에 빠지는 것을 피하라고 하였으며, 이것은 '중용(中庸)'을 통해서 얻을 수 있다고 하였다. '중용(中庸)'이라는 것은 눈에 보이는 산술적인 또는 정량적인 형태의 중간의 모습이 아니다. 즉 0에서 100까지 숫자가 있다면 그 가운데에 있는 50이 중용을 의미하는 것이 아니라는 것이다.

아리스토텔레스는 "마땅한 때에 마땅한 일에 대해서, 마땅한 사람들에 대해서, 마땅한 동기로, 그리고 마땅한 태도로 이러한 것을 느끼는 것은 중간적이며 동시에 최선의 일이요, 또 이것이 덕의 특색이다."라고 중용을 설명하고 있다.[13]

욕정, 즉 감정을 통제하기 위한 것이 바로 중용인 것이다.

13 위의 책, p.78.

중용의 덕은 상황에 따라서 가장 알맞은 행위를 이끌어 내는 것이다. 유학(儒學)에서는 이를 '시의(時宜)'라고 하는데, '그 시기에 마땅히 해야 하는 것'이라는 뜻을 가지고 있다. 그 시기에 가장 맞는 일을 하면, 우리는 '시의적절(時宜適切)했다.' 라는 표현을 쓴다. 안중근 의사가 '이토히로부미'를 암살했다는 사실에서 '살인'이라는 부분이 강조된다면, '살인범'으로 몰릴 수 있으나, '시의'를 그 중심으로 보면, 아시아 전체를 전쟁의 소용돌이에서 구했냈다는 점에서 '중용'에 맞는 행동이며, 이 행동으로 인하여 '의사(義士)'라고 불리는 것이다.

■중용의 가치14

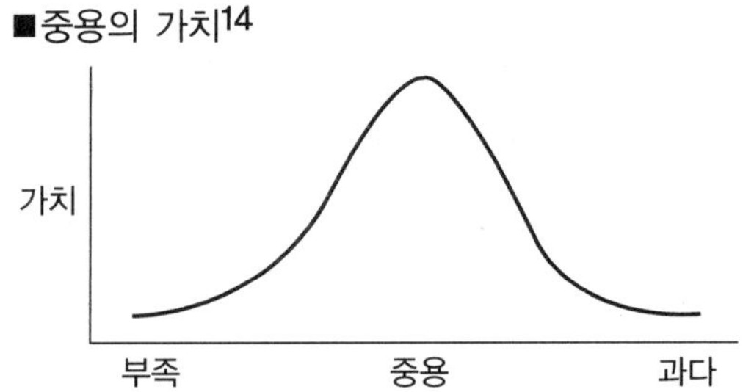

인간이 중용을 발견하고, 행한다는 것은 매우 어려운 일로써, 상당한 지식과 많은 경험을 바탕으로 한 냉철한 판단력이 필요하다. 이러한 판단력은 단순한 이론지(理論知)가 아니고 실천지(實踐知)로서 양식과 같은 것이다. 즉 어떤 행위가 옳다는 것을 지적으로 이해하는 것만으로는 덕이라고 할 수 없

14 위의 책, p.80.

으며, 자기의 양식의 판단에 의해 과부족이 없는 행위를 이끌어 낼 때 진정한 중용의 덕이 있게 된다.

언행일치를 실천하려 했던 조선의 선비들, 특히 조선 후기 실학자들이 중용의 도를 실천하는 대표적 지식인이었다. 아리스토텔레스도 이와 같은 생각을 하였는데, 중용이라는 것은 자연스럽게 나타나는 것이 아니라, 윤리적 덕을 쌓기 위해 윤리적인 행동을 되풀이함으로써 얻어지는 것으로 보았다.

지금까지 내용을 정리해 보면, '순수형상'을 '신(神)'으로 볼 수 있으며, 이는 인간의 최종 모습이 아닌, 인간이 추구해야 할 가치관을 의미하며, '최고선'으로도 불리고, 아리스토텔레스는 이를 '행복'이라고 최종적으로 명명하였다. '행복'을 얻기 위해서는 '이성적 행동'을 통해 '덕'을 쌓아야 한다고 하였으며, '덕'을 쌓기 위해서는 '욕정'이 과하거나 부족하지 않게 노력해야 한다고 하였으며, 이를 '중용'이라고 하였다.

즉 개별적 사물인 인간은 '순수형상'에 이를 수 없을 것 같지만, '덕'을 쌓기 위해 윤리적 행동을 한다면, 어느새 '신'의 위치에 도달할 수 있다고 하였으며, 이것이 바로 목적론적 윤리관이라 할 수 있다.

3) 벤담과 밀의 공리주의

아리스토텔레스의 목적론적 윤리관은 이후 영국의 공리주의(功利主義, utilitism)로 이어졌다. 공리주의의 대표학자로는 벤담(Jeremy Bentham, 1748~1832)과 밀(John Stuart Mill, 1806~1873)이 있다.

공리주의에서의 공리(功利)는 수학 · 철학의 공리(公理, axiom)나 공공의 이익을 뜻하는 공리(公利 또는 共利)의 의미와는 전혀 다르다. 공리주의의 공리는 곧 효용(utility)을 의미한다. 공리주의는 영국을 중심으로 시작되었는데, 그 이유는 유럽 대륙의 관념론과는 달리, 영국에서는 경험론이 우세하였고, 산업혁명이 영국을 중심으로 시작되었기에, 실용주의가 중요한 가치관으로 대두되었기 때문이다.

공리주의에서는 '만약 행위의 결과가 유용하다면 그 행위는 옳다'라는 '유용성의 원리(principle of utility)'를 기본으로 하여 '최대 다수의 최대 행복(the greatest happiness principle'이라는 파생원리를 만들어 내었다. 유용성의 원리에 따르면 행위의 결과에서 나오는 해(害) 보다 이익〔선(善)〕의 최대 균형을 산출하는 것이 좋다. 즉 공리주의 입장에서는

■벤담

출처 : 위키백과

■밀

출처 : 위키백과

순수이익이 순수비용보다 크면, 해보다 선이 더 많기에 윤리적, 반대로 순수비용이 순수이익보다 크면, 선보다 해가 크기에 비윤리적으로 판단한다. 쉽게 말하면, 행위가 도덕적으로 옳은가는 그 행위의 결과로 판단하며, 이것이 옳은 것은 좋은 것에 의존한다는 공리주의 윤리학이다.[15]

4) 양적 공리주의, 질적 공리주의

공리주의 주창자라고 할 수 있는 벤담은 행위의 결과가 좋은 것은 '쾌락(快樂)'으로 보았다. 즉 행위의 결과의 가치는 온전히 그 행위가 불러오는 쾌락의 양에 의해 결정된다고 보았으며, '쾌락'의 반대에는 '고통'이 있다고 보았다. 다시 말하면 가장 좋은 것은 행위의 결과는 쾌락을 가져다주거나 아니면 최소한 고통을 막아주는 것이다.[16] 반대로 고통을 초래하거나, 쾌락의 초래를 막는다면 이것은 좋지 않다고 보았다. 즉 행위의 결과가 쾌락을 가져오면 선(善)이고, 고통을 가져오면 악(惡)이 되고, 행위의 결과로서 쾌락이 고통의 양(量)보다 크면 선한 행위이고, 고통이 쾌락보다 그 양이 많으면 악한 행위가 되는 것이다. 그래서 벤담의 공리주의는 쾌락주의 공리학 또는 양적 공리주의라고도 불린다.

---

15 위의 책, pp.81~82.

16 쾌락의 최대화보다는 고통의 최소화를 주장하는 것을 소극적 공리주의(Negative Utilitarianism)라고 부른다. 소극적 공리주의는 쾌락과 고통의 인식론적 도덕 비대칭성을 해결하려는 수정 공리주의다.

벤담의 뒤를 이은 밀은 벤담과는 조금 다른 생각을 하였다. 밀은 벤담의 '쾌락'이라는 개념을 '행복'이라는 개념으로 대체하였다. 즉 '쾌락'은 '행복'으로, '고통'은 '본래적 악'으로 바꾸어 공식화하였다. 행복(happiness)은 곧 "좋은 것"(good)으로 규정하며, "행복의 최대화 = 좋음의 최대화 = 도덕의 실현"이라는 간단한 이치를 설파하였다. 즉 공리주의는 행복을 절대적 가치로 두기에, 행복의 희생은 존재하지 않는다. 즉 선과 악의 문제는 행복과 불행, 그 이상도 그 이하도 아니라고 보는 경향이 있지만, 앞에서 논의한 쾌락주의 공리학보다는 '행복'의 반대 개념에 '악'을 위치시키고 있기에 윤리적인 측면이 더 강조되고 있다.

밀은 또한 벤담과는 달리 쾌락의 양적 차이만이 아니라, 질적 차이도 인정하였다. 그래서 "만족한 돼지보다는 불만을 가진 인간이 더 좋고, 만족해하는 바보보다는 불만이 많은 소크라테스가 더 낫다"고 하였다. 이를테면 말초적인 육체적 쾌락에 비하여 셰익스피어 희곡을 읽으면서 얻는 쾌락은 질이 높은 쾌락이라는 것을 강조하였다. 이처럼 공리주의는 단순한 쾌락의 양이 아니라 질 또한 고려해야 한다는 입장을 '질적 공리주의'라고 부른다. 즉 벤담처럼 쾌락의 총합으로 이루어지는 양적 공리주의를 경계하였기에, 좀 더 현대적 관점에 맞는 윤리학에 가까워졌다.

또한 밀은 도덕적 행위의 궁극적 목적인 행복은 단순히 행위자 자신의 행복뿐만 아니라 관계자 전체의 행복이라고 하여 인간의 비인간성을 강조하였다. 여기에서 나온 것인 '최대다수 최대행복'이라 할 수 있다. 밀의 이러한 생각으로 인해, 밀은 행복 공리주의자 또는 질적 공리주의자라고 불린다.

구 분	J. 벤담	J. S. 밀
근본 원리	유용성의 원리, 최대다수의 최대행복	
추구 목적	쾌락	행복
가치 중점	**쾌락의 "양"** (양적 행복 극대화의 개인쾌락 ⇒ 전체쾌락 / 공공이익)	**쾌락의 "질"** (감각적 〈 정신적)

5) 행위 공리주의, 규칙 공리주의

양적 공리주의, 질적 공리주의의 단점을 극복하고자 하는 노력은 행위 공리주의(act-utilitarianism), 규칙 공리주의(rile-utilitarianism)라는 개념으로 발전되었다.

공리주의가 나타난 초반에는 '어떤 행위가 최대의 행복을 가져다 주는가'를 옳고 그름의 척도로 삼는 행위(act) 공리주의가 부각되었다. 즉 유용성의 원리는 선택의 상황에서 '옳은 행위란 다른 어떤 행위보다 더 큰 유용성을 갖는 것'을 의미한다.

반면 규칙 공리주의는 '어떤 행위 규칙이 최대의 행복을 가져다주는가'를 옳고 그름의 척도로 삼고 있다. 즉 규칙 공리주의에 의하면, 개인의 행위는 타당한 행위 규칙에 일치하면 옳고 위반하면 그르다라는 개념을 가지고 있다.

규칙 공리주의는 행위 공리주의가 안고 있는 한계를 벗어나기 위해 제안된 이론이다. 이를 설명하기 위해 남 몰래 저지른 범죄행위에 대한 예가 많이 사용된다.[17] 얼핏 보게 되면 같은 행위에 대해 서로 모순되는 도덕판단을 하는 것처럼 보이지만, 개별적 행위의 옳음이나 그름에 대한 판단이 행위 공리주의에 의해 참이라고 하면, 그것은 규칙 공리주의에 의해서도 참임에 틀림없고, 반대로 행위 공리주의가 거짓이라고 하면, 규칙 공리주의에 의해서도 거짓이 된다.

규칙 공리주의는 이후에 언급할 의무론과 곧잘 비교된다. 가령 의무론자가 자연권 등에 기반한 정언적 규칙 준수를 주장한다면, 규칙 공리주의자는 규칙을 통해 행복한 결과를 추구하는 규칙 공리주의로 해석하거나 대체할 수 있다고 주장한다.

---

17 학생이 좋은 점수를 받기 위해 시험 부정행위를 저지른다고 가정하자. 이 학생의 부정행위가 선생님에게 들키지 않고 좋은 점수를 받았다면, 행위의 유용성의 차원에서는 좋은 결과를 얻었기에 행위 공리주의 입장에서는 유용하다고 하겠다. 하지만 규칙 공리주의 입장에서는 학생이라는 신분에서 반드시 지켜야 할 규칙을 위반하였기에 유용성을 확보할 수 없다. 공직자의 뇌물수수도 좋은 예라고 할 수 있다.

4. 의무론적 윤리설

1) 칸트와 의무론적 윤리설

의무론적 윤리체계는(deontological ethical system) 인간에게는 누구나 지켜야 할 행위의 법칙이 있으며, 그 법칙은 인간의 의지를 초월하여 태어날 때부터 우리에게 주어지는 선험적(先驗的)인 절대불변의 도덕원리를 의미한다. 이에 따라 의무론적 윤리체계에서 행위의 옳고 그름은 선천적으로 주어진 도덕법칙에 의해 결정되어야 한다고 보고 있다. 또한 의무론은 행위의 동기 자체가 갖고 있는 옳음과 그름을 중시하는 동기주의(motivism) 입장을 취하며, 의무로 삼아야 할 도덕법칙이 동기가 되었는지가 도덕판단의 기준이 된다.[18]

의무론적 윤리설은 목적론적 윤리설처럼 '인간이 한 행위에 따른 결과의 좋고 나쁨에 의존하는 것'이 아닌, '행위의 종류나 행위자의 동기에 의해서 결정'되는 것이다. 그래서 어떤 행위가 의무나 도덕법칙과 일치하면 옳고 위반되면 그르다고 판단한다.

이렇듯 의무론적 윤리설은 정의, 인권, 특수한 의무와 같은 문제들을 다루기 위한 특수한 규칙들을 제시함으로써 일상적인 도덕 의식과 정합성을 가진다는 장점이 있는 반면에

18 앞의 책, p.89.

규칙의 절대성을 지나치게 강조하다 보면 규칙에 너무 의존한다거나, 두가지 다른 도덕규칙(의무)이 상충할 때 생기는 딜레마를 극복하지 못한다는 단점이 있다.

의무론적 윤리설의 대표적인 인물로는 Kant(I. kant, 1724~1804)가 있다.

칸트는 「도덕형이상학의 근본원리」 서문에서 "의무의 근거를 인간의 본성이나 인간이 사는 세계의 환경에서 찾아서는 안 되고, 실천적으로 순수이성의 개념 속에서 찾아야만 한다."고 강조하였다. 칸트는 상식적으로 좋은 것으로 생각되는 것은 재능, 기질, 행복 등을 들 수 있으나, 이러한 것들은 사람들의 의지에 따라서 악(惡)이 될 수 있다고 보았다. 즉 이것들은 수단적 선(善)이 될 수 있으나, 그 자체로서 선한 것이라 할 수 없다고 보았다. 그리고 무조건적으로 선하다고 생각될 수 있는 것은 오직 '선의지(善意志)' 밖에 없다고 하였다. 칸트는 윤리학을 선의지에 관한 탐구로 이해했다.

선의지는 그 자체로 좋은 것으로, 인간이 행복이라는 목표를 가지고 노력하는 목적론적 세계관을 부정하였다. 즉 의식적으로 행복을 추구하면 할수록 더욱 행복에서 멀어진다는 생각을 가졌다. 인생의 가치는 행복의 양에 의해 결정되는 것이 아닌 '선의지'가 얼마나 발현되었는가에서 나타난다고 보았다.[19] 즉 앞에서 논의한 목적론적 윤리설이 아닌, 의무론적 윤리설을 주장하였다.

칸트는 선의지의 개념을 의무라는 개념으로 이해하고, 의무의식을 가지고 행위하였을 때 선의지가 있다고 생각하였다. 칸트는 오직 '의무에 말미암은', 즉 의무감에서 행한 행동만이 도덕적 행위로 보았다. 단순히 습관적인 경향성의 행동, 동정심, 혹은 이익을 얻을 수 있는 가능성에서 비롯된 행위는 도덕적 행위라고 보지 않았으며, 행위 그 자체나 결과보다는 동기나 의도가 중요하다고 생각하였다. 칸트는 철저히 '의무에 의한, 의무를 위한, 의무의 행위'만이 도덕적 행위라고 하였다. 칸트가 행위의 동기나 의무를 강조하는 이유는, 이성적 존재자인 인간이라면 누구나 도덕적으로 행위할 수 있다는 믿음 때문이었다.[20]

이것이 가능한 것은 인간은 동물과는 달리 의지의 자유(free will, Freiheit)가 있기 때문이라고 생각하였다. 즉 인간은 스스로 도덕법칙을 형성하여 이에 따라 행위한다는 것이다. 여기서 선을 택하거나 악을 택하는 것은 인간의 몫이며, 선의지를 발현하는 것은 실천이성이며, 의무라고 보았다.

칸트는 내적 의무감의 근거에 있는 실천 법칙을 '정언명령(categorical imperative)'이라고 불렀으며, "나는 또한 나의

---

19 위의 책, p.91.
20 위의 책, p.93.

격률이 보편적 법칙이 되기를 원하지 않는 방식으로 행위해서는 안 된다"와 같은 표현으로 형식화하였다. 이 뜻은 의지의 준칙이 자신뿐만 아니라 모든 다른 사람에게도 보편적으로 통용될 수 있고, 조건 없이 행하지 않으며 안 되는 의무적인 도덕규칙에 따른 행위 만이 진정 도덕적 행위가 될 수 있다는 뜻이다.[21]

칸트의 정언명언은 우리의 의지가 자율적으로 선택한 도덕 법칙으로, 외부적 존재나 절대자가 형성하여 인간들에게 따르라고 한 것이 아닌, 인간의 의지가 스스로 형성하고 자신자신에게 명령한 법칙으로, 보편성을 강조하고 있다. 이러한 정언명령을 따른 인간의 행위는 그 자체가 목적이고, 도덕적이며, 무조건적인 선의지에 따른 행위이기에 의무론적 윤리설이라고 불린다.[22]

---

21 위의 책, p.96.

22 네이버 티스토리 '놀리적 천제' 춰락/율뤼확 中 칸트의 의무론적 윤리설 요약.에서 인용.

생각해보기

1. 만물의 영장인 인간과 동물은 여러 면에서 많이 비교되기도 합니다. 인간과 동물을 구분 짓는 가장 큰 특징은 무엇일까요?

2. 소크라테스의 철학 및 교육, 윤리학 분야에서의 업적을 각각 분류하여 논의해 보도록 합시다.

3. 소크라테스의 제자인 플라톤과 플라톤의 제자인 아리스토텔레스는 세계를 인식하는 관점이 서로 다른데, 이에 대해 논의해 보도록 합시다.

4. 목적론적 윤리설을 주창하는 공리주의자(벤담, 밀)들과 의무론적 윤리설의 칸트는 전쟁의 필요성에 대해 서로 다른 견해를 보이고 있는데, 이에 대해 논의해 보도록 합시다.

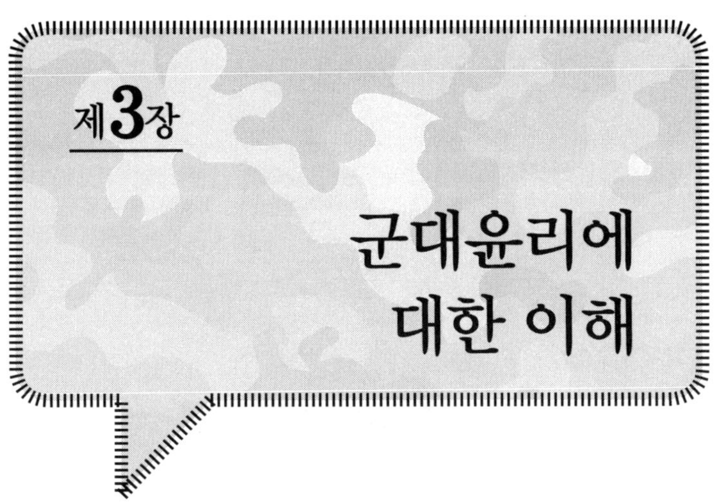

1. 공동체로서의 군대

공동체라는 개념은 매우 포괄적이며 다의적인 성격을 띤 것으로 쉽게 개념을 파악하기가 쉽지 않다. 사전적 의미에서 공동체는 공동사회 자체를 의미하기도 하고 생활이나 행동 또는 목적 따위를 같이 하는 조직체를 의미하기도 한다. 공동체는 구체적인 지역 단위를 지칭하는 경우가 있는가 하면, 뜻을 함께하는 집단 이데올로기나 구성원이 공유한 특성을 의미하는 경우도 있다. 인간의 집합체 혹은 집단이 공동체로 규정되기 위해서는 무엇보다도 일정한 경계가 있고 물리적 공간이든 사이버 공간이든 공간을 공유해야 한다. 정치적 · 경제적 · 사회적 관점에 따라서 생활과 운명을 같이하는 공동

출처: 네이버 이미지

운명체 혹은 일정한 토지를 공동으로 차지하고 거기에 바탕을 둔 사회관계의 총체 등으로 규정되기도 한다.

공동체는 그 구성원들이 특정한 지역에 거주하고 정보를 공유하며 고유의 문화적 · 역사적 유산을 지닌 사회적 집단으로 정의되기도 하고 공통적인 목적이나 가치 등을 공유하는 사회적 · 종교적 · 직업적 집단으로 정의되기도 한다는 점에 근거해서 다양하게 유형화될 수 있다. 이를테면 종족을 근간으로 하는 혈연공동체, 지역을 중심으로 형성된 지연공동체, 종교나 이념 및 기타 정신적인 요소를 기반으로 하는 결사공동체, 환경적 조건의 구속력에 의해 형성되는 농민공동체 등이 있다. 공동체의 속성은 사회체계의 문화적 맥락에서 이해되어야 한다. 공동체 내에서의 문화적 특징은 공동체의 규범적 구조이기도 하다. 규범이란 옳고 그름의 판단 기준이기도 하며 나아가 안정과 질서 유지의 지침을 제공해준다.

출처: 네이버 이미지

이러한 공동체로서의 성격은 군대 조직에도 적용된다. 군대는 조직으로서의 기능을 수행하며, 다양한 임무와 목표를 달성하기 위해 구성된 군사력을 갖춘 단체이다. 군대는 국가의 안전과 보안을 유지하기 위해 존재하며 국방력을 향상시키고 국가의 이익을 보호하기 위한 역할을 수행한다. 특히, 유사시 전쟁에서 싸워서 반드시 승리하기 위해 존재하기 위해 군대에서는 위에서 말한 공동체에서 요구되는 규범적인 성격이 필수적인 부분이라 할 수 있다. 혼자서 임무수행하는 것이 아니라 수직적인 계급체계와 수평적인 의사소통이 기반이 되어야 하며, 군대 구성원들 서로가 서로를 지원하고 보호하기 위해 노력하며 목표 달성을 위해 힘을 합쳐야 한다. 이는 상호 의존적인 관계를 형성하고 군인들 간의 신뢰와 협력을 기반으로 하기 때문에 규범적인 의식체계가 군대 공동체 내에서 형성되어야 한다. 또한 군대는 국가의 목표와 가치를 대표하는 조직이기 때문에 군인들은 국가의 안전과 이익을 위해 희생정신을 지녀야 한다. 이러한 가치와 자질은 군인들에게 부여된 임무와 역할을 이행하는데 중요한 역할을 하며, 그의 근간이 되는 것이 공동체의 문화적 맥락의 규범적인 부분에 있다고 할 수 있으며 여기서 '군대윤리'가 군대 조직에서 필수적인 요소가 되는 것이다. 위국헌신의 정신은 도덕적 가치이며 군대 본연의 기능이 수행되는 전쟁의 과정에서 많은 희생이 초래되고 따라서 헌신이 요구되기 때문에 군대는 이미 존재하는 자체가 이타주의적 집단이고 따라서 도덕적 성격을 그 본질에 갖고 있는 집단이다. 그러한 측면에서 군대는 이미 보편적인 도덕 가치를 추구하는 공동체다. 이러한 군대 조직의 규범적 성격으로 인하여 군대라는 공동체 자체가 도덕 생활의 목적 및 이상으로 여겨져야 하는 것은 당위적 요구이기도 하다.

출처: 연합뉴스

2. 군대윤리

위에서 살펴보았듯이 군대는 공동체로서의 규범적인 성격을 지니고 있다. 규범은 결국 옳고 그름을 판단하는 기준이 되며, 윤리와도 직결된다. 그렇다면 흔히들 말하는 '군대윤리'가 무엇인지 살펴볼 필요가 있다. 군대윤리는 크게는 군대조직 내에서 인간의 존엄성과 도덕적 가치를 보호하고 유지하기 위해 지키는 규범과 원칙이며, 이러한 군대윤리는 군인들이 전투력을 유지하면서도 인권을 존중하고 전쟁법과 국내법을 준수하는데 중점을 둔다고 볼 수 있다. 흔히 군대윤리는 군인들 상호 간에 지켜야 하는 군대 예절 정도로 인식되는 경우가 많지만, 앞서 배운 윤리의 특성에 근거해서 군대윤리를 정의한다면, 군대윤리는 "군대 본연의 임무를 수행하면서 군인 혹은 군대가 마땅히 따라야 하는 행위의 원리"로 정의할 수 있다. 이때 윤리적 행위의 주체는 군인 개개인이기도 하고 집단으로서의 군대 자체이기도 하다.

출처: freepik

‘군대윤리’라는 개념은 미국의 정치학자인 헌팅턴(Huntington)이 1950년대에 “군인정신은 민군관계 차원에서 직업군인의 윤리”라고 정의한데서 출발했다고 보는 것이 일반적이다. 헌팅턴에 따르면 군대는 하나의 전문 직업윤리를 가져야 하는데, 그것은 전문직업의 특성으로부터 연유한다고 말한다. 이처럼 헌팅턴에 의해 출발된 ‘직업군인 윤리’라는 용어는 미국 사회에서 ‘군대윤리’라는 일반적 용어로 바뀌어 사용되었다. 이렇게 헌팅턴에 의해 처음 제시된 ‘군대윤리’라는 개념이 본격적으로 연구되기 시작한 것은 미국이 베트남전에서 패배한 이후부터라고 볼 수 있다. 1964년부터 1975년까지 무려 10년 이상 계속된 베트남 전쟁은 미국에게 뼈아픈 경험이었지만 여러 면에서 만은 교훈과 가르침을 준 전쟁이었다. 70년대 초 미국 사회의 도덕적 무능력의 가장 극적인 종합이 바로 베트남 전쟁에서의 패전이었다. 역사상 무패의 전력을 자랑하며, 가장 풍부한 전쟁 물자를 가지고 고도의 전문지식과 최신의 무기로 무장된 미군이 아시아의 작은 나라 베트남에서 졌다는 사실은 미군과 미국 사회의 현주소를 극명하게 보여주는 사건이었다. 미국은 엄청난 물량의 최신 무기체계와 병력을 쏟아부었지만 결국 베트남 전쟁에서의 패배의 쓴 맛을 보아야만 했고 많은 학자들은 그 이유를 미군의 도덕적 타락 또는 무능력에서 찾게 되었다. 베트남전 이후 도덕적으로 부패한 군대는 전쟁에서 결코 승리를 거둘 수 없다는 교훈을 얻은 미군은 군대윤리의 중요성을 인식하고 자신들의 상황과 사정에 맞는 군대윤리 개념과 교육 시스템을 꾸준히 발전시켜 현재에 이르러서는 미군에 최적화된 군대윤리 교육 개념과 체계를 완성하고 더욱 더 발전시켜 나가고 있다.

■영화 플래툰23

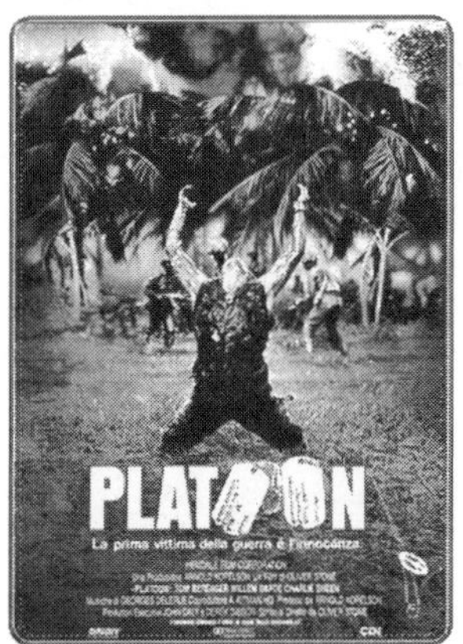

출처: 네이버 영화

군대윤리 개념을 이해하는데 있어서 미군의 예를 들었지만, 이를 타산지석 삼아 우리나라 역시 한국군의 환경에 맞는 군대윤리에 대한 교육과 이해에 대한 노력을 해야 한다. 6.25

23 영화 "플래툰"은 1986년에 개봉한 올리버 스톤(Oliver Stone) 감독의 전쟁 영화다. 이 영화는 베트남 전쟁을 배경으로 하며, 전쟁의 어둠과 폭력, 인간의 본성에 대한 복잡한 이야기를 다룬다. 플래툰은 군대윤리와 관련하여 여러 가지 교훈을 제시한다. 도덕적인 선택과 양심, 지도자의 역할과 영향력, 전쟁의 현실과 인간성과 관련된 부분에서 전쟁과 군대의 현실을 이해하는데 도움이 된다.

전쟁 이후 큰 전쟁이 없이 평시 작전 상태를 유지하고 있는 한국군이지만, 방대한 군 조직을 유지하고 유사시 전투에서 싸워 이길 수 있는 전투공동체가 되기 위해서는 군대윤리를 기반으로 한 상호 신뢰와 협조가 필요하다. 지휘관은 군대윤리에 대한 이해를 바탕으로 선과 악을 판가름할 수 있는 기준이 되는 윤리적 규범을 기반으로 지휘를 해야 하며, 도덕적 상식을 벗어나는 수준의 행위나 지휘는 삼가고 책임과 의무를 다하는 군대 공동체를 형성해야 한다.

생각해보기

1. 군대윤리의 측면에서 군인 개개인이 지켜야 되는 부분과 집단으로서 지켜야 되는 부분에 대해 생각해보자.

2. 군대윤리 측면에서 영화 '플래툰'을 보고 느낀 점 보고서 쓰기.

한국군 군대문화의 이해

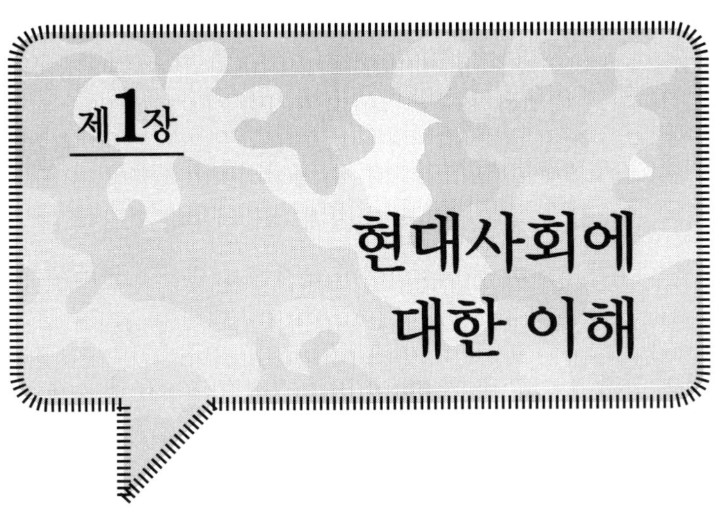

1. 현대사회의 특성

오늘날 우리가 살아가고 있는 현대 사회는 과거에는 상상도 하지 못할 정도의 기술력과 의식주 환경의 변화로 인해 많은 특성을 지니고 있다. 물론 먼 미래에는 현재 우리가 살아가는 현 시점이 '과거'가 되겠지만, 21세기 현재의 여러 가지 특성 중 전 세계에서 공통적으로 설명이 가능한 현대사회의 특성을 살펴보는 것은 현재의 군대문화를 이해하고 윤리를 공부하는 데 중요한 발걸음이라 할 수 있다.

현대사회의 특성 중 가장 중요한 특성 중 하나는 세계화(Globalization)이다. 이는 세계적인 규모에서 경제, 문화, 기술, 통신 등 다양한 영역에서의 상호의존과 상호연결을 의미한다. 먼저 세계화는 국가들의 경제적인 상호의존성을 증가시켰다. 국경을 넘어서 재화와 자원, 자본, 노동력 등이 자유롭게 이동하고 국제 시장에서 거래되는 경제적 통합이 확대되었다. 다국적 기업들은 다양한 국가에서 생산과 판매를 진행하며, 글로벌 공급망이 형성되었다. 이로 인해 경제적인 결합과 협력이 강화되었으며, 국가 간 경제적인 충돌과 경제 위기의 파급 효과가 커졌다. 또한 세계화는 다양한 문화가 상호작용하고 융합하는 과정을 촉진시켰다. 이는 이민, 여행, 국제 교류, 인터넷과 소셜 미디어의 보급 등을 통해 이루어지는데 다양한 문화 요소들이 국경을 넘어 확산되며, 음악, 영화, 문학, 음식 등을 통해 다양성과 창의성을 증진시켰다.

이러한 세계화는 지식과 기술의 국제적인 이동을 촉진시키기도 했다. 연구개발, 학문적 교류, 기술 혁신 등이 국경을 넘어 이루어지며 다양한 분야에서의 지식과 기술의 전파가 가능해졌다. 이는 새로운 아이디어와 혁신을 촉진하며 경제 성장과 사회 발전에 기여했다. 세계화는 정치적인 영향과 글로벌 거버넌스에도 영향을 미쳤다. 국가들은 글로벌 이슈에 대해 협력하고 조정하는 글로벌 거버넌스 체계를 구축하였고, 국제기구와 협약을 통해 국가 간 협력과 규제를 강화하고 글로벌 문제에 대해 공동 대응과 정책 조율이 이루어진다.[1] 하지만 이러한 세계화는 여러 긍정적인 면에도 불구하고

1 UN, 세계보건기구, 세계무역기구 등은 국제적인 협력과 조정을 담당하고 있다.

양극화와 불평 등의 문제도 야기시킨다. 경제적인 발전과 혜택이 일부 지역과 사회에 집중되는 경향이 있어 빈부격차가 확대되고, 개발 도상국과 선진국 간의 발전 격차가 커지는 현상이 발생할 수 있다. 따라서 이러한 문제에 대한 인식과 대응이 필요하며, 글로벌 거버넌스를 통해 이러한 불평등을 완화하고 포용적인 개발을 추진할 수 있어야 한다. 이러한 세계화는 기회와 도전을 동시에 제기하지만 인류가 협력과 이해를 바탕으로 지속가능하고 포용적인 글로벌 사회를 구축하지 않는다면, 여러 윤리적 문제점을 야기할 수 있는 문제점 역시 내포하고 있다는 점을 반드시 알아야 한다.

두 번째 현대사회의 주요 특징은 바로 디지털화(Digitalization)이다. 디지털화는 기존의 물리적 형태였던 문서, 사진, 음악, 영상 등을 디지털 형식으로 변환하는 과정을 말한다. 이러한 디지털 형식은 컴퓨터나 인터넷을 통해 쉽게 전송, 저장, 복사, 편집할 수 있다. 디지털 데이터는 이진코드로 표현되는데 이는 컴퓨터가 이해하고 처리할 수 있는 형식이다. 디

출처: 한국건강가정진흥원

지털화는 컴퓨터 기술과 정보통신 기술의 발전과 밀접한 관련이 있다. 하드웨어 측면에서는 컴퓨터의 성능 향상, 스마트폰과 태블릿 등의 이동성 있는 장치의 보급, 클라우드 컴퓨팅과 빅데이터 등의 기술이 발전했다. 또한 소프트웨어와 애플리케이션 측면에서도 인공지능, 가상현실, 블록 체인 등의 기술이 발전하여 디지털화를 더욱 효율적으로 이루어지게 하고 있다. 이러한 디지털화는 정보에 대한 접근성 또한 크게 향상시켰다. 인터넷과 모바일 통신 기술의 보급으로 어디서나 신속하게 정보를 얻고 공유할 수 있게 되었고 정보의 처리와 전달 속도를 대폭 향상시켜 실시간으로 대화, 온라인 거래, 영상 스트리밍 등 다양한 활동이 가능하게 만들었다. 디지털화는 교육 분야에서도 혁신적인 변화를 가져왔는데, 온라인 강의, 웹 기반 학습, 모바일 학습 애플리케이션 등을 통해 학습자는 유연하게 학습할 수 있으며, 온라인 리소스를 활용하여 지식과 정보를 얻을 수 있다. 또한 가상현실(VR)과 증강 현실(AR)과 같은 기술은 실제 상황을 모방하거나 상호작용을 제공하여 학습 경험을 향상시켰다.

이러한 디지털화는 현대사회에 많은 혜택과 장점을 제공하지만, 문제점 역시 존재한다. 디지털 기술과 인터넷에 대한 접근성이 부족한 지역이나 소외된 사회적 계층은 디지털 격차로 인해 정보 및 기술적 혜택을 누리지 못하는 문제가 있다. 이는 교육, 일자리, 의료 등 다양한 영역에서 부정적인 영향을 미칠 수 있다. 또한 디지털화는 개인정보의 수집, 저장 및 공유를 증가시킴으로써 개인정보 보호와 사이버 범죄의 위험도 증가시킬 수 있다. 해킹, 사이버 스캠, 개인정보 유출 등의 사이버 범죄로부터 개인과 조직의 데이터가 위협받을 수 있다. 디지털 시대에서는 정보의 과잉과 다양성으로 인해 정보과부하 문제가 발생할 수도 있는데, 이는 인터넷 상의 정보의 신뢰성과 진실성에 대한 문제나 잘못된 정보에 대한 확산과 허위 정보의 유포가 문제가 될 수 있는 부분과 직결된다. 이러한 여러 문제점은 윤리적 문제와도 연관되기 때문에 현대사회의 주요 특징을 생각함과 동시에 어떤 윤리적 문제점이 있는지 생각하는 것은 중요한 일이다.

세 번째 현대사회의 주요 특징은 인공지능과 자동화이다. 인공지능은 인간의 학습, 추론, 문제 해결 등의 지능적인 작업을 컴퓨터와 기계가 수행하는 것을 말한다. 인공지능은 컴

■아날로그식 신분증을 대체해 나갈 생체인식기술

출처: Korea Shipping gazette

퓨터 프로그램이나 시스템을 통해 데이터를 분석하고 패턴을 학습하여 문제를 해결하거나 결정을 내리는 능력을 갖추게 된다. 이를 위해 기계 학습, 자연어 처리, 컴퓨터 비전 등의 다양한 기술과 알고리즘이 사용된다. 인공지능은 다양한 응용분야에서 사용되고 있다. 예를 들면, 음성 인식 기술을 사용한 가상 비서, 기계 학습과 데이터 분석을 활용한 예측 모델, 컴퓨터 비전을 통한 이미지 인식 등이 있다. 또한 의료 진단, 금융 분석, 스마트 홈 시스템, 인공지능 로봇 등 다양한 분야에서 인공지능 기술이 적용되고 있다. 자동화는 기계, 장치 또는 소프트웨어 등을 사용하여 인간의 노동력을 대체하거나 작업을 자동으로 수행하는 것을 말한다. 자동화는 반복적이고 규칙적인 작업을 효율적으로 처리할 수 있으며, 인간의 실수 가능성을 줄이고 생산성을 향상시킬 수 있다. 이러한 자동화는 제조업 분야에 적용되어 로봇과 자동화 장치를 사용하여 제품 생산을 자동화하며 생산 공정의 효율성을 향상시키고 생산량을 증가시킨다. 또한 인간의 업무를 자동화하여 서비스 품질을 향상시키고 비용을 절감하기도 한다. 예를 들어, 은행의 자동화된 기계, 자동판매기, 자동 주문 시스템 등이 서비스 자동화의 예이다.

이러한 인공지능과 자동화는 많은 혜택에도 불구하고 여러 문제점이 있다. 인공지능과 자동화 기술의 발전은 일부 직업이 자동화되거나 대체될 수 있음을 의미한다. 이로 인해 해

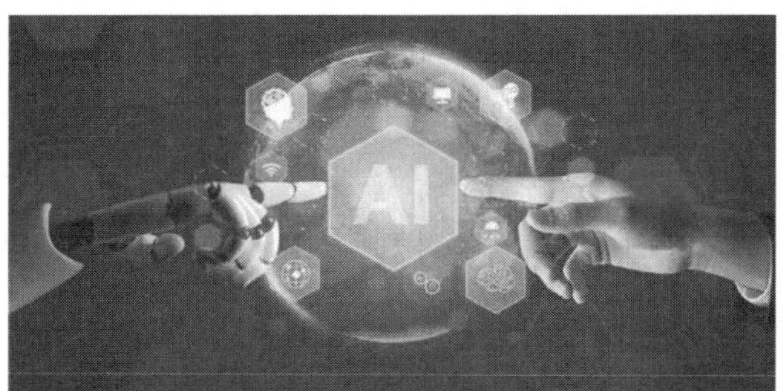

출처: daily impact

당 직업의 일자리 감소와 관련된 불안정성이 초래될 수 있다. 또한 인공지능과 자동화 기술에 대한 접근성이 부족한 지역이나 소외된 사회적 계층은 디지털 격차로 인해 기술의 혜택을 제대로 누리지 못할 수도 있다. 이는 교육, 일자리, 경제 등의 영역에서 부정적인 영향을 미칠 수 있다. 무엇보다 중요한 것은 인간의 의존성과 결정권이 제한된다는 것이다. 과도한 인공지능과 자동화의 도입으로 인해 인간의 업무 수행 능력이 퇴보하고 의존성이 증가할 수 있다. 또한 자동화 시스템이 자동적인 결정을 내리고 실행하는 경우 인간의 결정권이 제한될 수 있으며 이는 윤리적 문제와도 연계될 수 있는 부분이다.

네 번째 현대사회의 주요 특징은 빅데이터이다. 빅데이터는 기존의 기존의 데이터베이스 관리 도구로 처리하기 어려운 대규모이고 다양한 종류의 데이터를 가리킨다. 이러한 데이터는 다양한 소스에서 수집되며 데이터의 크기가 크고 다양한 형식과 속성을 갖고 있다. 빅데이터의 특징은 3V로 요약할 수 있다. 첫 번째 특징은 볼륨(Volume)이다. 빅데이터는 대량의 데이터를 다루는 것을 의미한다. 기존의 데이터베이스 시스템으로는 처리하기 어려운 수십 테라바이트부터 페타바이트에 이르는 규모의 데이터를 다루는 것이 특징이다. 두 번째 특징은 다양성(Variety)이다. 빅데이터는 다양한 종류의 데이터를 다루는 것을 의미한다. 텍스트, 이미지, 음성, 비디오 등 다양한 형식의 데이터와 정형화되지 않은 비정형 데이터를 포함한다. 세 번째는 속도(Velocity)이다. 빅데이터는 대량의 데이터가 실시간으로 생성되고 전송되는 속도가 빠른 것을 의미한다. 데이터는 초당 수십만 개에서 수백만 개 이상이 생성되고 이를 실시간으로 수집하고 처리할 수 있어야 한다. 이러한 빅데이터는 다양한 분야에서 활용된다. 예를 들어, 마케팅 분석을 통해 고객의 소비 패턴과 행동을 예측하고, 의료분야에서는 환자 데이터를 분석하여 질병 예측과 치료 방법 개선에 활용될 수 있으며 금융분야에서는 거래데이터를 분석하여 사기를 탐지하거나 투자 전략 개발 등에 활용할 수 있다.

이러한 빅데이터 역시 많은 이점을 지니지만 문제점도 존재한다. 먼저 빅데이터는 대량의 개인정보를 수집하고 분석하는데 사용될 수 있는 만큼 이로 인한 개인정보 노출과 개인의 프라이버시 침해가 우려된다. 또한 빅데이터는 다양한 소스에서 수집되는 대용량의 데이터를 포함하고 있는데, 이로

■데이터의 물리적인 크기

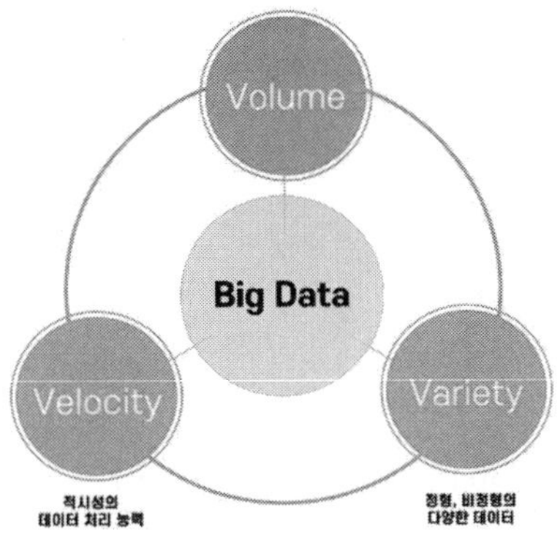

출처: YTN Science

인해 데이터의 품질과 정확성에 문제가 발생할 수 있으며 잘못된 데이터를 기반으로 한 분석은 잘못된 결과를 가져올 수 있다. 빅데이터 분석에서 사용되는 알고리즘은 데이터에 기반하여 학습하고 의사결정을 내리는데, 이러한 알고리즘은 편향성을 가질 수도 있다. 과거의 데이터에서 편향된 패턴을 학습하거나, 특정 집단에 대한 편경을 반영할 가능성이 있다. 이러한 여러 문제점에 대해 인식하고, 적절한 규제와 정책, 기술적인 개선 및 윤리적인 고려를 통해 대응할 수 있어야 한다.

마지막 현대사회의 주요 특징은 기후변화와 환경문제이다. 기후변화는 지구 온난화와 관련된 자연적인 변화로 인해 지구의 기후 패턴이 변화하는 현상을 말하며, 이는 인간의 활동에 의해 가속화되고 있다. 이러한 기후변화와 관련된 문제는 다양한 환경문제와 상호작용하며, 인간과 자연 생태계에

심각한 영향을 미치고 있다. 먼저 주요 기후변화 문제 중 하나는 인간 활동으로 인한 온실가스 배출이다. 주요 온실가스인 이산화탄소, 메탄, 이산화질소 등은 주로 산업, 에너지 생산, 교통 등에서 발생하며 대기 중에 쌓여 지구 온난화를 가속화시킨다. 온실가스의 증가로 인해 지구의 온도가 상승하면 빙하가 녹고 해수면이 상승하며 극지방과 사막 지역이 확대되는 등의 현상이 발생한다. 이는 생태계 변화, 생물다양성 감소, 자연재해 발생 등을 야기할 수 있다. 또한 지속적인 인구 증가와 경제 발전으로 인해 자원의 수요가 증가함에 따라 자연자원의 고갈과 오염, 생태계 파괴 등의 문제가 발생하고 있다. 특히 화석연료의 소비로 인한 에너지 문제와 수질 오염은 주요 환경문제로 간주된다. 환경 문제로 인해 많은 생물종이 멸종 위기에 처해 있으며 산림 파괴, 해양 오염, 서식지 파괴로 인해 생물 다양성 감소의 주요 원인이 되고 있다. 생물다양성은 생태계의 안정성과 기능을 유지하는데 중요한 역할을 한다. 또한 기후변화로 인해 자연재해의 발생 빈도와 강도가 증가하고 있으며 폭염, 가뭄, 홍수, 강풍, 해일 등의 자연재해는 인간과 사회에 큰 피해를 입힐 수 있다. 기후변화와 환경문제는 국가 및 국제 사회에서 큰 관심과 대응을 요구하는 문제이다. 많은 국가들이 온실가스 감축을 위한 정책과 에너지 전환을 추진하고 지속가능한 개발을 위한 국제협력을 강화하고 있다. 또한 환경 보호를 위한 기술 개발과 환경 교

출처: 한국환경공단

육 등이 활발히 이루어지고 있다. 이렇게 개인과 단체의 노력을 통해 기후변화와 환경문제에 대한 인식과 행동이 변화되는 것이 중요하다.

■현대사회의 주요 특징

주요 특징	내용
세계화(Globalization)	경제적 상호작용, 지식과 기술의 공유, 글로벌 거버넌스
디지털화 (Digitalization)	하드웨어 소프트웨어의 발전, 가상현실, 증강현실
인공지능과 자동화	음성인식 기술, 기계 학습, 컴퓨터 비전, 자동화 주문
빅데이터	볼륨(Volume), 다양성(Variety), 속도(Velocity)
기후변화와 환경문제	온실가스 배출, 지구온난화, 생태계 파괴, 자연재해

2. 현대사회와 MZ세대

최근 다양한 분야에서 MZ세대가 주목받고 있다. MZ세대는 코호트 개념을 바탕으로 세대를 구분하여 M세대와 Z세대를 합친 용어인데, 미래 세대의 주축이 될 것이라는 점에서 관심이 높아지고 있다.[2] MZ세대가 많은 분야에서 주목받고 있지만, 이들의 생활실태 및 삶에 대한 정보는 부족한 편이며, 특히 M세대와 Z세대의 특성이 서로 다름에도 불구하고 하나의 집단으로 인식되는 경향이 강하다. 먼저 MZ세대에서 'M'을 뜻하는 '밀레니얼 세대(Millennials)'는 1980년 초반에서 1990년 중반에 태어난 이들을 말한다. 2000년대 초 태어난 세대까지 광범위하게 구분하기도 한다. 흔히 '디지털 유목민'이라 불리는 M세대는 디지털 기술에 매우 익숙하여 모바일을 자주, 능숙하게 사용하며 트렌드에 민감하고 자기표현 욕구가 강하다. 이들의 대부분은 베이비붐 세대의 자녀들로 경제적 호황기에 유년시절을 보냈으나, 외환위기 이후 극심한 청년실업을 경험한 세대이기도 하다. 한편 Z세대는 태어날 때부터 디지털 환경을 그대로 받아들인 '디지털 네이티브'로, 기술이 세상을 재구성하기 이전의 삶을 거의 경험하지 못한 세대이다. Z세대는 삶의 중요한 순간을 SNS에 기록하고, 유튜브나 넷플릭스 같은 실시간 영상 스트리밍을 활용해 여가를 즐

2 MZ세대란 1980년대부터 2000년대 초반 출생한 사람들을 통칭하여 일컫는 말이다.

■출생연도로 구분한 세대별 특성

1950년 1960년 1970년 1980년 1990년 2000년

세대 구분	베이비붐 세대	X세대	밀레니얼 세대(Y세대)	Z세대
출생연도	1950~1964년	1965~1979년	1980~1994년	1995년 이후
인구 비중	28.9%	24.5%	21%	15.9%
미디어 이용	아날로그 중심	디지털 이주민	디지털 유목민	디지털 네이티브
성향	전후 세대, 이념적	물질주의, 경쟁사회	세계화, 경험주의	현실주의, 윤리 중심

출처: 김선애, MZ세대의 직업문화

긴다. 유년기 글로벌 금융위기를 지켜보며 경제관념을 정립하고 현실 중심적인 성향을 지닌다. 타인을 의식하기보다는 나의 만족을 최우선으로 고려하며, 가치와 다양성을 추구하는 새로운 세대라 정의할 수 있다.

M세대와 Z세대가 구분되긴 하지만, 이들은 공통적으로 MZ세대라 통칭되며 디지털 환경에서 성장한 세대로 인터넷과 소셜 미디어에 능숙하다. 또한 자신의 개성과 가치관을 중요하게 생각하며 사회에 변화를 일으키는 데 관심이 많다. 이러한 MZ세대는 소비의 주체로 부상하고 있다. 이들은 자신의 취향과 가치관에 따라 소비를 하며 경험과 가치를 중시하는 소비를 하는 경향이 있다. 또한, 온라인 쇼핑과 소셜 미디어를 통해 정보를 얻고 구매 의사 결정을 하는 경우가 많다. MZ세대는 일하는 방식에도 변화를 가져오고 있다. 이들은 워라밸을 중요하게 생각하며, 자율성과 유연성을 중시하는 일하는 방식을 선호한다. 또한, 창의성과 협업을 중요하게 생각

하며 팀워크를 중시하는 일하는 방식을 선호한다. MZ세대는 사회에 변화를 일으키는데도 관심이 많다. 이들은 다양한 사회문제에 관심을 갖고 있으며, 자신의 목소리를 내고 변화를 만들기 위해 노력한다.

이러한 디지털과 친숙하고 가치 지향적 성향을 지닌 MZ세대들이 어느새 조직구성의 상당부분을 차지하고 있으며, 이는 군도 예외가 아니다. 그리고 이들의 비중은 갈수록 확대될 것이다. 새로운 세대의 등장으로 인한 영향인지, 사회구조 변화의 영향인지 명확하지 않지만, 최근 우리 조직문화와 일하는 방식에 크고 작은 변화가 감지되고 있다. 불과 몇 년 전까지만 해도 우리나라 직장인의 야근은 '칼퇴'보다 자연스런 일상이었다. 가끔은 회사에 오래 남아 일하는 그 자체가 업무열의의 지표가 되기도 했다. 하지만 최근 몇 년 사이 분위기가 달라졌다. 장시간 근로 개선에 대한 사회적 공감대가 확산되고 근무시간의 효율적 활용이 강조되고 있다. 불필요한 야근과 잔업을 선호하지 않는 MZ세대의 성향이 이러한 변화를 가속화시키고 있다. 이러한 MZ세대의 방향성은 군에도 마찬가지이며, 최근 병사 복무기간과 급여 부분 개선과 겹쳐 직업군인의 지원율에도 큰 영향을 미치고 있다. MZ세대는 이전 세대들처럼 하기 싫은 일까지 꾹 참고 한다거나, 위계질서에 무조건 순응하지 않는 편이다. 대신 자기 자신의 역량개발과 성장에는 진심이다.

■세대별 업무를 통해 추구하는 1순위 가치

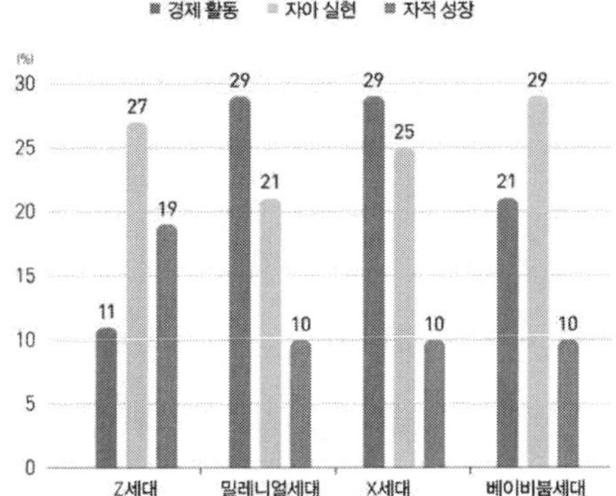

출처: 김선애, MZ세대의 직업문화

위 연구의 표를 보면 MZ세대가 일을 통해 추구하는 가치는 경제활동 그 자체보다 자신의 능력을 발휘하여 성취를 느끼는 '자아실현'이나 새로운 지식을 알아가며 성장하는 '지적 성장'을 더 중요하게 여긴다고 나타났다. MZ세대는 비교적 풍요로운 시대에 성장했으나, 이들 역시 경제 위기와 저성장이라는 불확실성을 경험하고 높은 취업문 앞에 좌절하기도 했던 세대이다. 그렇기 때문에 불확실한 미래를 위해 현재를 희생하기보다는 오늘의 만족에 집중하는 편이다.

이러한 현대사회의 주축이라 할 수 있는 MZ세대는 기성세대와 차이점이 나타나는데 특히 인간관계 형성과 유지 측면에서 기성세대와 차이점이 크게 나타나고 있다. MZ세대는 온라인이라는 가상공간에서 페이스북과 트위터, 블로그 등 SNS를 통해 다수의 사람들과 관계를 맺는 것이 익숙하며, 엄지족이라 불릴 만큼 모든 관계를 스마트폰으로 해결하는 것이 당연하다. 공동체의식이 강한 기성세대에게 중요했던 '의리', '정', '연줄'의 개념은 희박해졌을 뿐만 아니라 불합리하고 공정하지 못한 사회를 만드는데 일조하는 것이라고 비판한다. 그렇기 때문에 자신들의 취향, 재미, 원하는 목표에 따라 한시적으로 인간관계를 만들고 선택적으로 반응한다. MZ세대가 기존의 학연, 지연, 혈연을 통한 관계를 벗어나 자신들만의 취향을 중심으로 형성하는 취향공동체가 대표적인 사례이다. 이러한 모습은 현대 한국군에서 사명감과 희생정신을 강조하는 기성세대와 실리와 현실적 보상과 워라밸을 바라는 MZ세대 간의 가치관 충돌에서도 나타난다.

군대문화에 대한 이해에 앞서 MZ세대에 대해 짚고 나가는 이유는 향후 군의 주축이 될 간성들이나 그들이 지휘하고

■기성세대와 MZ세대의 갈등

출처: 스카이데일리

교육해야 할 교육생들 역시 MZ세대의 범주에 있기 때문이다. 나아가 현재 M세대의 범주에 들어있는 세대는 머지않아 군의 주축이 되는 장군이 배출된다. 이러한 세대 교체는 무작정 계급과 규정으로 희생정신과 사명감을 강조하는 기존의 고리타분한 지휘나 교육방법이 더 이상 적용되지 않는다는 것을 의미한다. 전투에서 싸워 이기기 위해 평소 최상의 전투력을 이끌어내기 위해서는 군 내에서 기성세대와 MZ세대 사이에 어떤 갈등사항이 존재하는지 파악하고 이해하는 것이 필수적이다. 먼저 인권 및 개인의 자유와 관련된 갈등사항이 존재한다. MZ세대는 개인의 권리와 자유에 대한 중요성을 강조하는 경향이 있으며 군 복무 중에도 이러한 가치를 중시한다. 하지만 군 내에서는 작전과 교육훈련과 관련된 일부 규율과 규제가 개인의 자유를 제한할 수 있기 때문에 이것이 큰 갈등의 요소가 될 수 있다. 규정과 방침에 따르는 것이 중요하지만, 일부 MZ세대 구성원들은 규율에 의해 개인의 의사결정과 행동이 제한된다는 점에서 갈등을 느낄 수 있는 것이다. 또한 MZ세대는 디지털 네이티브로서 기술과 온라인 커뮤니케이션에 익숙하지만 군 복무 시에는 정보보호와 보안 및 통신 제약으로 인해 개인의 디지털 활동이 당연히 제한될 수 밖에 없다. 인터넷 접속이나 소셜 미디어 사용에 대한 규제와 제약으로 인한 갈등도 무시할 수 없는 부분이다. 이외에도 성차별과 다양성 문제, 군 내 부당한 대우나 권력 남용, 가족과의 이별에

대처하는 부분 등 여러 부분에서 기성세대와 갈등 사항을 유발할 수 있지만 이러한 갈등사항은 MZ세대 각자의 가치관과 경험에 따라 다양하게 나타날 수 있다.

따라서 MZ세대와 기성세대의 간극을 줄이는 방법에 대해서도 생각해 볼 필요가 있다. 가장 중요한 것은 상호 이해를 바탕으로 존중을 하는 것이다. 상호 이해와 존중을 위해서는 개방적인 마음가짐을 갖는 것이 중요하다. 세대 간의 차이점을 편견 없이 받아들이고, 다양성을 존중하는 태도를 가지는 것이 필요하다. 각자의 관점과 경험을 듣고 이해하려는 의지를 가져야 한다. 이를 위해 상대방의 이야기를 경청하고, 그들이 전달하고자 하는 메시지와 의도를 이해하려는 노력을 기울여야 한다. 편견이나 예전의 사고방식에 얽매이지 않고 상대방을 진정으로 이해하려는 자세가 필요하다. 상호 이해와 존중을 위해서는 공감하는 능력이 중요하다. 각자의 감정과 경험을 공유하고 상대방이 느끼는 감정을 이해하며 공감하는 자세를 보여주며 세대 간의 간극을 좁히고 서로를 더 잘 이해하는 노력해야 한다.

또한 현대 기술과 디지털 소통의 적극적인 활용은 MZ세대와 기성세대 간의 간극을 줄이는데 매우 유용한 도구라고 할

■디지털 기술의 활용

수 있다. MZ세대는 디지털 네이티브로서 온라인 플랫폼과 소셜 미디어를 적극적으로 활용하는 경향이 있다. 이를 기성세대와의 소통에 활용할 수 있다. 예를 들어, 메신저 앱이나 소셜 미디어 플랫폼을 통해 서로의 생각과 소식을 주고받고 일상적인 대화를 이어나갈 수 있다. 또한 비대면 회의 도구를 활용하여 MZ세대와 기성세대가 함께 모여 회의를 진행하거나 의견을 교환할 수 있고 온라인 그룹 활동이나 프로젝트를 통해 상호 소통과 협업을 강화할 수 있다. 하지만 무엇보다 중요한 것은 이 모든 갈등사항을 극복하여 세대 간 가치관의 격차 없이 애국심을 기반으로 한 군 복무를 유도함으로써 전쟁에서 싸워 이길 수 있는 군인을 양성하고, 군 조직의 발전을 위해 노력해야 되는 것이다.

3. 현대사회의 윤리적 문제점

현대인들이 느끼는 윤리적 문제는 과거 그 어느 때보다도 다층적이고 복합적이다. 쓰레기 처리나 도로 개설 문제를 둘러싸고 지역주민들 간에 힘겨루기가 벌어지는가 하면, 개념조차 생소한 해킹이나 인간배아복제 문제가 이따금씩 부각되고, 나아가 전 지구적인 차원에서 논의되는 이산화탄소 배출 문제에 이르기까지 셀 수 없는 윤리적 문제들이 상존하고 있다. 그러나 더욱 심각한 것은 이처럼 빈번하고 다양하게 발생하는 윤리적 쟁점들을 처리해줄 이론적, 실천적 장치가 존재하지 않는다는 것이다. 현대인들은 이제 과거처럼 초자연적 권위에 복종하지도 않고, 특정한 신분적 질서나 제도에 의해 주어지는 위계에도 승복하지 않는다. 따라서 윤리적 문제들도 특정한 권위에 의존해서는 해결될 수 없고 최선의 방도에 대한 보편적 합의가 존재할 때만 해결 방도를 찾을 수 있을 뿐인데, 과거의 권위와 위계를 대신해야 할 현대 윤리이론들은 아직 이러한 합의를 이끌어내지 못하고 있는 것이 사실이다. 그러나 다른 한편으로 보면 우리는 윤리적 문제들을 해결할 이론적 장치를 이미 갖고 있는 것처럼 보인다. 1부 2장에서 배운 여러 윤리학의 원리가 그것이다. 현대 윤리이론을 대표하는 공리주의와 칸트 계열의 이론들의 경우만 보아도 양자는 각각 좋음의 우선성을 강조하는 목적론과 옳음의 우선성을 강조하는 의무론에 속한다는 점에서 서로 모순적 입장을 지니고 있고, 그렇다면 둘 중의 하나는 타당한 이론이어야 하는 반면에 다른 하나는 그렇지 못해야 한다. 하지만 이러한 두 이론은 모두 다수의 분명한 확증 사례와 반증 사례를 동시에 갖고 있다. 예를 들어 우리는 우물에 빠지려는 아이를 구해주면서 어떤 대가를 바란다면 의무론적으로 그것은 도덕적 행위라고 할 수 없다고 여김과 동시에, 도덕적 행위는 어떤 식으로든 행위 관련자들에게 도움이 되는 행위여야 한다고 목적론적으로 생각한다. 우리는 결국 모순적 이론들을 모두 인정하거나 부인하고 있는 것이다. 따라서 현대사회의 여러 윤리적 문제점들에 대해 생각해보고 뒤에서 배울 여러 윤리적 이론들을 적용하여 스스로가 가치판단의 옳음의 기준에 대해 적시할 필요가 있다.

현대사회의 윤리적 위기에 대한 논의는 지난 수십 년 동

출처: kor.pngtree.com

안 각 분야에서 각양각색으로 전개되어왔다. 앞서 현대사회의 주요 특징이라 설명했던 세계화와 디지털화, 인공지능, 빅데이터 등은 정보화 사회라는 큰 범주로 설명이 가능한데, 우리가 살아가고 있는 오늘날의 사회는 그야말로 고도화된 정보화 사회라고 할 수 있다. 정보화 사회의 발전은 우리의 생활과 사회 구조에 혁신적인 변화를 가져왔지만 이러한 변화와 함께 윤리적 문제들도 함께 등장하게 되었다. 즉, 현대사회의 윤리적 문제들은 개인정보와 인공지능과 관련된 분야, 사이버 범죄 등 다양한 측면에서 발생하게 된다. 개인정보는 개인의 신원, 행동, 생활 패턴 등을 식별할 수 있는 정보를 말하는데 이러한 정보는 현대사회에서 개인의 자유와 권리를 보호하는데 필수적이라고 할 수 있다. 개인의 개인정보는 그들의 사생활과 연결되어 있으며, 이는 개인의 자유와 자아를 형성하는 데 영향을 준다. 이러한 개인정보를 보호하는 것은 개인의 자유와 자기결정권을 존중하는 데 중요한 역할을 하기 때문에 다른 사람이나 조직이 개인정보를 무단으로 수집, 사용, 공유하는 것은 개인의 자유와 자기결정권을 침해하는 행위로 간주 될 수 있다. 하지만 현대사회에서는 고도화된 기술의 발달과 함께 해킹 등의 방법을 통해 개인정보가 완전히 보호되지 못하는 일이 빈번히 발생하고 있으며, 이는 개인정보 도용이라는 윤리적 문제와도 직결된다고 볼 수 있다.

현대사회의 주요 특징인 인공지능과 관련된 부분에서도

■개인정보 유출과 윤리적 문제

출처: press9

윤리적 문제점은 찾아볼 수 있다. 인공지능은 우리의 삶과 사회에 혁명적인 변화를 가져왔지만, 동시에 윤리적인 문제들도 제기하고 있다. 인공지능은 우리의 삶을 크게 변화시킬 수 있지만, 인간중심성과 인간의 자율성과 관련된 부분에서 마찰을 일으킬 수 있다. 인간의 가치, 권리, 자유를 고려하고 인간의 판단과 개입에 필요한 결정에 대해서는 인공지능이 단순히 수단으로 이용될 수 있게 인간과의 적극적인 상호작용이 필요하다. 이는 인공지능 시스템의 결정과 행동에 대한 책임이 누구에게 있는지 명확히 해야 하는 부분과도 연계되는데, 인공지능의 개발자와 사용자 등 다양한 주체들 사이의 책임 분담과 책임 소재에 대한 명확한 원칙이 필요하다. 이렇게 개인정보와 관련된 부분과 인공지능의 발달로 인한 해킹 수단의 진화는 사이버 범죄와도 직결되는 문제라 현대사회에서 윤리적 관점에서 면밀히 살펴볼 필요가 있다.

■인공지능(자율주행) 자동차와 윤리적 문제

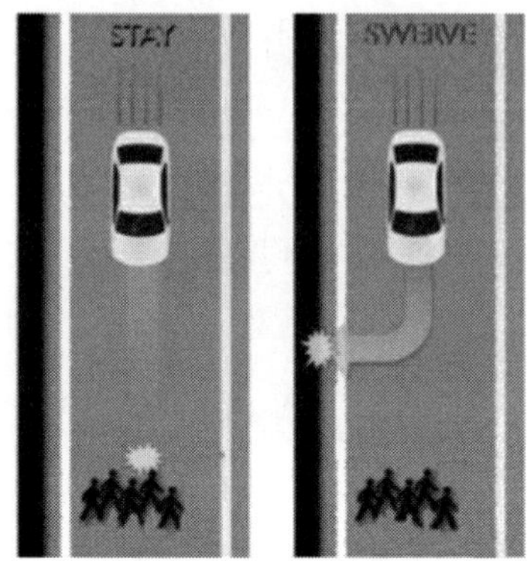

출처: 고려라이프아카데미

1부에서도 언급했지만, 윤리학적 측면에서 인공지능과 인간이 공존이 가능할까 하는 부분은 딜레마로 남아있다. 인공지능과 인간이 공존을 하기 위해서는 여러 윤리적 딜레마들이 해결되어야 한다는 것은 여러 학자들이 오랫동안 주장해왔다. 예를 들면, 인공지능이 운전하는 자율 주행 자동차의 사례이다. 자동차가 너무나 빠른 속력으로 운전하고 있어서 인공지능이 판단하길 운전자와 보행자 중 한 명만을 살릴 수 있고, 그 결과 다른 사람은 죽게된다고 하였을 때, 인공지능은 누구를 살릴 것인가? 이러한 윤리적 딜레마는 공리주의나 의무론, 목적론 등 뒤에서 배울 여러 윤리학적 원리에 의해서 해석이 가능하겠지만 개인의 가치판단에 따라 충분히 의견이 다를 수 있는 부분이다.

앞서 여러 윤리적 문제점에 대해 논했지만, 무엇보다 현대사회에서 가장 중요한 것은 정보화의 고도화된 발달로 인한 인간소외 현상이다. 60년대와 70년대를 통하여 산업화가 성공적으로 이루어진 후 80년대에 들어와서 민주화의 물결이 거세게 일면서 가장 흔하게 사용되고 있는 말 가운데 하나가 소외라는 말이다. 소외라는 말은 동료나 친구 또는 다른사람과의 관계에 있어서 서로간에 서먹서먹한 느낌이 들거나 그들로부터 따돌림을 당하고 있다고 생각될 때 쓰기도 하고, 자기가 종사하고 있는 일이나 직무에 대해 불만을 가지거나 그러한 일들이 무엇인가 본질적인 보람과 보상을 가져다 주지 못한다고 여길 때도 소외라는 말을 쓴다. 그리고 때에 따라서는 조직의 규모가 커지고 관료제가 발달한 거대한 조직체 속에서 하나의 부품과 같이 되어버린 나약한 인간의 모습을 발견할 때나 인간의 편익을 위해 창출된 고도의 정보화 기술이 오히려 '인간의 기계예속과 비인간화 현상'을 빚어내는 모습을 보고 이 말을 쓰기도 한다. 이처럼 소외라는 말은 여러 가지 의미로 쓰인다. 인간의 주관적이고 심리적인 감정을 나타내기 위해 쓰기도 하고, 객관적이고 구조적인 조건을 말하거나 그같은 상황에 대해 개탄하는 의미로 사용되기도 하며, 또 그러한 것들을 비판하고 강력한 개선의 요구를 표명할 때도 사용된다. E. Fromm은 중세의 봉건적 질서가 무너지고 산업화에 따른 개체화의 과정이 일어나면서 소외가 중요한 사회문제로 대두되었음을 밝히고 있다. 봉건체제가 무너지고 개인이 역사의식의 표면에 등장하면서 한편으로는 인간이 독립해서 자유롭게 생각하고 행동하는, 말하자면 자신이 주인이 되어 스스로의 삶을 꾸려나갈 수 있는 존재가 되었으나, 다른 한편으로는 소집단적 규제의 틀속에서 벗어나 자유를 얻기는 했어도 정신적으로나 물질적으로 인간이 누렸던 소속감과 안정감을 상실해서 고독감과 불안감을 느끼게 되었음을 지적하고 있다. W.L.Faunce도 산업사회에서 소외가 만연하게 되는 것을 사회구조가 가지는 고유한 특성과 관련지어 분석하였다. 즉 산업사회에서의 급격한 사회변동, 구조적 분화의 증대와 통합의 약화, 그리고 사회조직의 합리화가 인간으로 하여금 광범한 무력감, 무규범감 및 무의미감을 가지게 하고, 이러한 사회심리적 체험이 자존심을 유지하는 기준과 사회적 지위를 부여하는 기준 간의 불일치 현상을 가져와서 결국 고독감, 무관심, 과잉동조 등으로 나타나게 된다는 것이다.

이러한 현대 시대를 살아가는 인간에게 나타나는 소외 현

출처: 노동자연대

상은 결국 자신의 삶의 테두리 안에 갇혀 살면서 자신의 주변을 냉정하게 바라볼 여력조차 없이 하루하루 생존적일 수밖에 없는 욕구 충족에 시달리는 특성과 연관되어 있다. 이렇게 인간의 욕구에 맞게 발전을 거듭해 왔는데, 아이러니하게도 정보화 사회에 이르러 인간이 이룩해 놓은 문명에서 소외된 존재가 되고 만 것이다. 현대사회에서 인간은 자신이 누구인지도 생각해 볼 여유조차 없는 망아적 삶 속에서 정체성의 위기에까지 직면해 있다. 정보화의 물결과 더불어 빈부격차가 커지면서 황금만능주의가 우리 시대를 살아가고 있는 많은 현대인들의 의식구조를 지배하고 있으며, 아울러 TV, 영화, 인터넷 등 대중매체의 부정적인 영향도 개인의 도덕적 타락을 더욱 부추기고 있는 실정이다. 그런데 인간의 도덕적 타락은 개인의 문제로만 국한되지 않고 있다. 공동체 속에서 더불어 살기보다는 치열한 경쟁 속에서 살아가야 하는 환경 때문에 동료와 이웃을 동반자라기보다도 경쟁자로만 여기다 보니 서로를 경계와 질투의 시선으로만 바라보게 되었다. 도덕적 무감각이나 타락의 이면에는 인간을 수단적 도구로만 여기고 정신적 가치보다는 물질적 가치, 내면의 세계보다는 외향적 모습에만 치중하는 인간 자신의 오도된 가치관이 자리잡고 있다. 이러한 오도된 가치관으로 인하여 타인에 대한 배려와 존중을 망각하게 된 극단적인 이기주의가 만연되고 있는 것이다. 이러한 것이 앞서 말한 인간소외 현상과 관련이

출처: 경남도민일보

있으며, 현대 사회의 특성과 더불어 윤리적 관점에서 큰 문제점이라고 할 수 있다.

또한 현대 사회의 자동화라는 특징은 인간을 자유의지를 지닌 존재로서의 그의 본성을 망각하게 하고 동물처럼 본능의 법칙에 지배받는 존재로 전락하게 만들었다. 그리고 생산의 기계화로 인하여 인간은 단지 동일한 일만 반복하는 기계의 부속물과 같은 존재가 되었으며, 인간에 대한 평가도 그 자체에 대한 존엄성보다는 공장의 컨베이어 시스템에서 생산된 상품처럼 그가 가지고 있는 기능적 · 수단적 능력이 일률적인 기준에 부합되는가에 따라 이루어지게 되었다. 또한 정보화 사회는 익명사회로서 다른 사람에 대한 무지와 상호 무관심으로 인하여 개인은 탈인격화되고, 자신의 행위가 타인에게 미치는 영향을 고려하지 않게 만들었다. 한 인간에 대한 평가도 그의 인품이나 내면적 인격이 아니라 시장 원리에 의한 상품적 가치에 따라 이루어지게 되었다. 인간의 상품화는 개인의 지식, 기술, 재능뿐만 아니라 신체까지도 포함된다. 인간은 자체로서 존엄성을 가진 목적적 존재라기보단 상품으로서의 가치 실현을 위한 도구로 전락하고, 인간관계도 때로는 다른 이익의 실현을 위한 도구적 가치에 따라 맺어진다. 우리가 살고 있는 현대 사회는 이동수단의 혁혁한 발전과 전지구적 공동체를 가능케 하는 인터넷이라는 공간의 출현 등으로 세계 어느 지역이든 과거와 다른 삶의 양식의 유입이 불가피하지만, 이것에 기인한 것으로 넘기기에는 오늘날 사회의 곳곳에서 발생되고 있는 도덕적 위기 상황은 그 도를 넘어서고 있는 느낌이다. 막상 우리의 도덕적 무감각이 과거에 비할바 없이 풍족한 삶을 보장해주는 물질문명을 누리며 사는 우리 스스로를 더욱 고립시키고 있는지 모른다.

■찰리채플린의 모던타임즈[3]

출처: 네이버영화

3 "모던 타임즈"는 찰리 채플린이 1936년에 제작한 영화로, 채플린이 주연으로 출연하고 감독 및 각본도 맡은 작품이다. 이 영화는 산업화와 자본주의 시대의 문제를 풍자적으로 그려낸다. 이 영화는 강렬한 코미디와 풍자를 통해 산업화 시대의 문제와 인간의 가치에 대한 민감한 주제를 다루며, 특히 채플린의 유머와 연기로 잘 알려져 있다. "모던 타임즈"는 역사적으로 중요한 영화 중 하나로 인정받으며, 현대 사회의 문제와 여전히 연결되어 있는 내용들을 담고 있다.

1. 민주주의의 정의

현재 전 세계 국가 중 민주주의를 정치제도로 채택하고 있는 국가보다 민주주의를 정치체제로 채택하고 있지 않는 국가가 더 많다. 하지만 이러한 비민주주의 국가들도 국호나 표면상으로는 민주주의제도를 채택하고 있는 것처럼 국가를 운영하고 있다. 비민주주의 국가들조차 민주주의는 하나의 이상적인 정치제도로 받아들여지고 있는 것이다. 그렇다면 민주주의는 어떻게 이렇게 보편적인 관심을 갖게 되었으며, 널리 퍼지고 지속되고 있는가?

민주주의의 정의(definition)에 대해서는 사람들마다 견해가 다르다. 우리에게 쉽게 다가오는 것처럼 보이는 이 개념은 실제로는 매우 폭넓게 사용되고 정의 내려진다. 민주주의를 어떻게 발전시켜 나갈 것인가에 대해서도 사람들마다 추구하는 방식이 다르다.4 민주주의의 기원을 살펴보면, 단어의 어원은 고대 그리스에서 시작되었다. 그리스어의 demos(인민 또는 보통사람)와 kratein(통치하다)가 합쳐진 demokratia는 보통사람들에 의한 통치 또는 정부를 의미했다.5 여기에서 보통사람은 교육받지 못하고 똑똑하지 못한 가난한 사람들을 지칭한다. 이러한 보통사람들이 사회의 다수를 차지하고 있기 때문에 민주주의는 다수의 통치를 의미한다. 고대 그리스인들은 민주주의를 aristoi(가장 능력 있는 사람들)에 의한 통치인 귀족정이 아닌, 노동계급이나 하층민에 의한 지배로 받아들였다.6

민주주의의 주요한 갈래를 살펴보자. 이들은 몇 가지 특징을 향유하고 있지만, 세부적으로는 다른 개념을 가지고 있다.

자유민주주의(liberal democracy)라는 용어는 자유주의로부터 출발한다. 자유주의자는 개인의 권리와 자유의 보호를 중요시 여긴다. 여기에 민주주의라는 용어가 합쳐지면, 민주주의는 인민 다수에 의한 통치지만, 만약 개인이나 소수의 기

---

4 테렌스 불, 리처드 대거. 2006.『현대 정치사상의 파노라마 : 민주주의의 이상과 정치 이념』, 아카넷, p.46

5 신철희, (2013), "'민'(demos)개념의 이중성과 민주주의(demokratia)의 기원",『한국정치연구』, 제22집 제2호, p.204.

6 테렌스 불, 리처드 대거, 앞의 책, p.47

본권이 다수에 의해 침해되어선 안된다는 개념이다. 즉 자유민주주의는 "자유롭게 말"할 권리, "공직에 진출할 권리", 소유권 등에 있어 다수의 횡포로부터 보호받는 이념이다.[7]

사회민주주의(social democarcy)자유민주주의와 대조되는 개념으로 사회와 정부에서의 평등을 추구한다. 사회민주주의자들은 자유민주주의에서는 유산자(부자, 자본가)들이 무산자(가난한자, 노동계급)를 지배한다고 주장한다. 돈은 권력의 중요한 원천이며, 자본을 통해 무산 계급에 권력을 행사한다고 주장한다. 유산자들은 부를 통해 공직진출, 정부정책에 대한 영향력 행사를 통해 자신들의 이익을 극대화시키고, 무산자들은 점차 소외된다는 것이다. 사회민주주의자들은 이러한 자본주의적 특혜는 민주주의의 기본 원리를 파괴한다고 주장한다.

민주주의 체제는 인민에 의한 통치이며, 1인 1표의 평등한 투표원칙에 의해 정부에 대해 평등한 권력을 행사하게 된다. 하지만, 사회민주주의자들은 이러한 정치제도로는 평등한 권력을 행사할 수 없다고 주장하며, 경제적 권력을 포함하여 권력을 분배하지 않으면, 불평등이 시작된다고 주장한다. 부의 재분배, 자원의 공적 통제를 통해서 좀 더 평등한 방식의 민주주의를 시도한다. 이들은 자유주의자들과는 달리, 부와 권

---

7 정원규, (2002), "민주주의의 기본원리 : 절차주의적 공화민주주의 모델을 제안하며", 『철학』, 제71집, pp.174-177. 참조.

력에서 불평등이 존재하여 이러한 불평등 관계를 해소하지 않으면, 시민의 자유와 권리가 보장되지 않는다고 주장한다.[8]

인민민주주의(people's democracy)는 공산주의 국가에서 통용되는 것으로 보통사람들인 노동자나 프롤레타리아의 이익을 위한, 인민에 의한 통치이다. 정부가 이들을 위해 통치해야 하지만 프롤레타이라가 정부를 직접 통치해야 한다는 것은 아니다.[9]

공산주의자들은 노동계급이 그동안 자신들을 착취하던 자본가와 부르주아를 폭력적 수단을 사용하여 타도하는 프롤레타리아 혁명(revolutionary dictatorship of the proletariat)이 필요하다고 주장한다. 궁극적으로 국가 자체가 소멸되며 계급없는 사회의 형태로 바뀐다는 것이다.[10]

산업민주주의(industrial democracy)는 시장경제에 민주주의의 원리를 도입한 것으로 노사 간의 교섭불평등을 교정하는 노동3권의 보장 및 생산과정에서 노동자의 경영참가를 보장하여 노동자의 종속과 소외 문제를 해결하려는 이념이다. 이를 위해 단체 교섭에서 노사 간의 대등한 교섭이 이루어지고, 기업의 위계적 상하관계에서 노사공동결정이 보장되는 것으로, 민주주의의 기본 원리를 산업에 적용하는 것을 의미

---

8 김희강, (2020), "돌봄민주주의: 자유민주주의와 사회민주주의를 넘어", 『한국여성학』, 제36권 1호, pp.69-71. 참조.

9 테렌스 불, 리처드 대거, 앞의 책, pp.83-84.

10 테렌스 불, 리처드 대거, 앞의 책, p.84.

한다.[11] 즉, 산업민주주의는 경영자가 전권을 장악하지 않도록 산업 전반의 민주적 운영방식을 의미한다.[12] 산업민주주의는 1960~1970년대에 미국과 유럽의 선진산업국가에서 제기되었다. 형태는 각국의 문화만큼이나 다양하고 사회적 민주주의의 확대 범위에 따라 수준의 차이를 보인다. 끈질긴 노동운동을 전개했음에도 여전히 노동삼권을 확립하지 못한 개발도상국이나 후진국이 있다.[13]

경제민주주의(economic democracy)가 무엇인가에 대한 일관되고 합의된 개념은 없다. 정치적 측면에서의 민주주의는 평등한 투표권을 특징으로 하지만, 경제민주주의에서 평등한 재산권을 내세우지는 않는다. 경제민주주의는 시장의 공정성과 효율성을 양립시키고, 시장의 투명성을 세우자는 이념이다. 경제생활에서 근로자의 기업경영 참여를 통해 자본주의 사회의 기업, 경제, 산업 구조를 민주적으로 개조할 수 있다는 이념이다. 따라서 민주적인 기업과 민주적인 시장, 민주적인 경제 · 산업구조를 만드는 것이다. 즉, 기업지배구조를 투명하게 하고 시장을 공정하게 만드는 것이 경제민주주의이다. 경제적 공정성을 위해 자원의 배분을 어떻게 할지

---

11 조우현, (1995), 『세계의 노동자 경영참가 : 참여의 산업민주주의를 위하여』, 창작과 비평사, p.13.

12 차기벽, 2013, 앞의 책, p.253.

13 김진균, (1981), "산업민주주의 : 그 배경과 몇 가지 기본적 명제에 관하여", 『사회과학과 정책연구』, 제3권 2호, p.269.

는 역사와 국가별로 상이하게 나타났다. 대표적으로 농민혁명을 통해 토지무상분배, 생산수단의 공유가 있었고, 온건한 방식의 노사타협도 있었다. 반면 경제적 자원을 공정하게 배분하기 위한 사회주의체제도 도입되었다. 유럽국가에서 주도한 완전한(full)기본소득도 도입되었다.14

2. 민주주의의 역사

기원전 5세기 그리스의 역사가인 헤로도토스는 우리가 현재 민주주의(democracy)라 지칭하는 개념을 처음 만들었다. 민주주의는 demos(국민)와 kratein(지배)의 합성어로 국민의

■헤로도토스(B.C.484~B.C.425)•

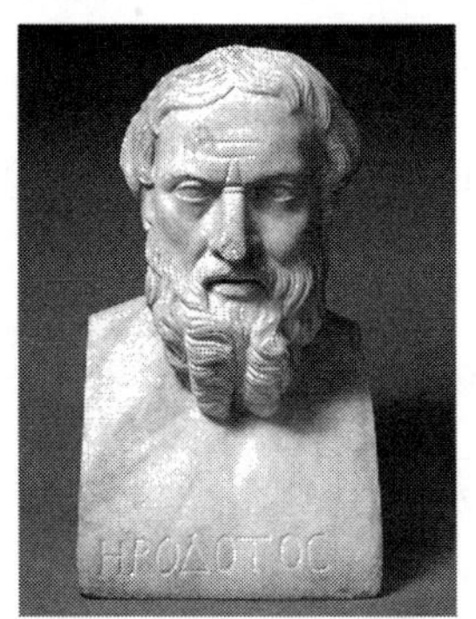

14 김인춘, (2022).『자유민주주의, 사회민주주의, 시민민주주의 : 스웨덴 · 네덜란드의 경험과 한국사회』, 백산서당. p.405.

• 출처 : 동아일보 인터넷판, 검색일 : 2024년 6월 2일, https://www.donga.com/news/Opinion/article/all/20231116/122221781/1

지배를 의미한다. 국민의 지배를 가장 잘 구현한 역사적 사례는 고대 그리스의 도시국가인 아테네에서 시작되었다. 전 시민이 야외 광장에 모여 자신들의 일을 스스로 결정하는 직접 민주주의를 만들었다. 하지만, 노예, 외래민, 여성은 정치에 참여하지 못하는 제한점을 가지고 있었다.[15]

그리스 정치사상에서 정치권력에 대한 법적 제약을 강조했고, 아리스토텔레스는 법의 존중은 입헌주의의 강조라고 주장하였다. 그리스에서 민주주의 이념이 식별되었지만, 19세기에 이르기까지 '민주주의'라는 말 자체가 나타나지는 않았다. 로마시대에 이르러 입헌주의 개념이 발전하여 피지배자는 물론이거니와 지배자도 따라야 하는 규범체계가 이룩되었다.[16]

로마의 법률가인 키케로(Marcus Tullius Cicero)는 자연법, 만민법, 시민법에 의거하여 법체계를 정립하였다. 자연법은 모든 인간에게 공통적으로 적용되는 자연의 보편적 법이며, 만민법은 관습의 산물로 국가 간의 법 또는 국제법이다. 시민법은 개별국가가 특정 공동사회에 적용하는 헌법 또는 공동체법이다. 만민법과 시민법은 자연법에 위배되지 않는 선에서만 유효하다. 고대 그리스의 소피스트들은 자연법과 인간

15 차기벽, 앞의 책, p.22.
16 위의 책, pp. 23-24.

■ 키케로(B.C.106~B.C.43)•

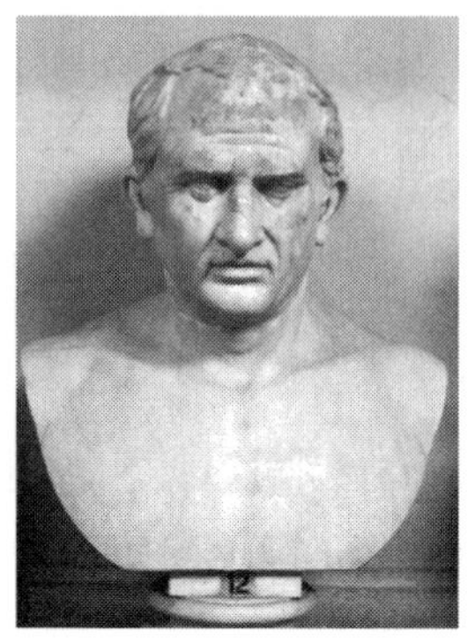

법을 구별하여 자연법을 보편적 이성으로 간주하여 인간법에 우선시하였다.[17]

중세시대에 이르러 키케로의 자연은 토마스 아퀴나스에 의해 신으로 대체되었다. 중세시대에는 자연법 사상은 기독교에 의해 종교적 색채를 띠게 된다. 토마스 아퀴나스는 법체계를 네 가지로 나누었다. 첫째는 영구법(lex aeterna)으로 신의 이성과 일치하는 법체계를 의미한다. 둘째는 자연법(lex naturalis)으로 신의 이성이 창조물에 반영되어 나타나는 법체계이다. 셋째는 신법(lex divina)으로 모세의 율법과 같은 신의 계시로 이루어진 법체계이다. 넷째는 인간법(lex humana)으로 인간적 권위로 제정한 법체계이다. 아퀴나스는 인간법

17 이봉철, (2010), "자유주의주체 인간관(觀)의 '근대유럽 형성 통설' 반증(反證)", 『민주주의와 인권』, 제10권 2호, pp.276-280. 참조

• 출처 : History, 검색일 : 2024년 6월 2일, https://www.history.com/topics/ancient-rome/marcus-tullius-cicero

은 상위법에 배치되지 않는 한에서 유효하다고 주장했다. 중세시대의 통치체제는 국가와 교회의 이원적 구조로 되어 서로 간에 침범하지 않았다.[18] 하지만 국가와 교회의 구별은 모호하였으며, 교회는 신의 이름을 앞세워 국가에 대한 도덕적 통제를 정당화하였다. 또한 교회는 세속적 권위(황제, 군주)에 대한 복종은 신의 의사에 배치되지 않는 범위 내에서만 정당화된다고 주장하였다. 하지만 종교 특히 중세의 기독교는 모든 인간이 존엄하고 평등하다는 사상을 전파하였는데, 이는 초기 신 앞에 평등하다는 종교적 성격이 훗날 세속적인 평등사상으로 발전하는데 밑거름이 되었다. 중세의 봉건제도도

■토마스 아퀴나스(1225~1274)•

18 신치재, (2014), “토마스 아퀴나스의 자연법과 정의 사상 – 그의 법사상의 신학적 · 철학적 기초와 관련하여”, 『중앙법학』, 제16집 제3호, pp.425–427.

• 출처 : World History Encyclopedia, 검색일 : 2024년 6월 2일, https://www.worldhistory.org/Thomas_Aquinas/

완전하지는 않지만 민주주의 이념의 토대를 마련하였다. 봉건제도에서는 군주가 영주에게 봉토를 하사하고 봉건영주는 군주에게 충성을 맹세한다.[19] 다시 봉건영주는 영민에게 토지를 분배하고 보호를 해주며, 영민은 이에 대한 대가로 충성과 봉사의 의무를 지닌다. 이러한 쌍무적 계약관계는 추후 상호의무의 윤리를 낳았으며, 근대적 의회제도의 기원이 되었다. 군주들은 전쟁에 필요한 재정을 마련하기 위해 봉건귀족, 성직자, 시민의 회합을 명령하였고 이것이 관례가 되어 근대 의회제가 성립된 것이다.[20]

중세시대의 신법사상, 종교적 평등, 상호의무의 관념은 지배자가 피지배자에게 상호 간에 약속한 의무를 다하지 않을 경우, 피지배자는 지배자에게 복종하지 않아도 된다는 것을 암시한다. 하지만 중세는 신이 중심이 된 사회였던 만큼 신의 의사에 따르는 자연적 질서가 지배하는 사회였다. 따라서 각 개인은 신이 정해준 자연적 역할을 벗어날 수 없기에 자연적 질서를 부여하는 교회의 권위에 감히 도전할 수 없었던 것이다. 이러한 중세시대의 종교의 권위는 14세기에 이르러 정면으로 도전받았다. 도시와 상업의 발달로 정치적 영향력이 증대된 중산계급이 자신들의 이익인 상업과 무역을 규제할 수 있는 중앙정부(세속권력)에 의지하게 되면서 교회의 권위는

---

19 차기벽, 앞의 책, p.25.
20 차기벽, 앞의 책, p.26.

떨어지게 되었다. 파두아의 마르실리오(Marsilius Patavinus)은 세속 권력의 우위를 주장하며, 국가가 신법을 따를 필요는 없으며, 국가가 제정한 법에 따르기만 하면 된다고 주장했다. 그러면서 그는 정치적 권위는 동의에 의해서만 세워지며, 통치권력도 때에 따라서는 제약이 필요하며, 정책결정과정에 대표로 참여하지 않은 자는 그 결정에 따르지 않아도 된다고 주장했다.[21] 종교면에서도 개인의 양심을 중시하여 개인과 신의 관계를 확립하려는 종교개혁운동이 일어났다. 또한 개인의 자기표현과 인간성을 회복, 자기실현을 장려하는 문예부흥 운동이 일어났다. 문예부흥 운동은 인간을 기독교의 교리와 철저한 금욕주의에서 해방시켜 인문주의를 발생시켰다. 즉 기존의 신에게 복종해야 하는 수동적인 인간형에서 인간 자체에 대한 탐구를 하게 되는 능동적인 사고방식이 싹트게 되었다. 이는 개인주의적 성향으로 발전하였으며, 프로테스탄티즘과 결합하여 중산계급이 성장하게 되었다. 17~18세기에 이르러 사회계약론이라는 이론이 창안되면서 민주주의가 발전하는 토대가 마련되었다. 사회계약론은 중세시대의 신법, 평등사상, 상호의무의 윤리가 세속적 차원에서 재탄생한 것이다.[22]

---

21 위의 책, pp.26-27.
22 차기벽, 앞의 책, pp.27-28.

■존 로크(1632-1704)•

로크와 루소에 의해 사회계약론이 크게 발전하였는데, 17~18세기 상황은 절대군주정치에 대한 반항이 일어나고 있을 때였다. 로크와 루소는 개인의 존엄성과 사회구성원의 동의에 의한 정치질서를 주장하였다. 로크는 자연법 사상에 의거하여 사회계약론을 주창하였다. 그는 국가와 사회를 구분하여 사회가 개인의 생명, 자유, 재산권을 보호해야 할 목적이 있으며, 국가는 그러한 사회를 보호해야 할 목적으로 계약에 의해 성립되었다고 주장한다. 로크는 자연상태를 개개인이 상호협조하고 권리가 보장되는 평화로운 상태라고 주장하였다. 이러한 자연상태의 법인 자연법이 인간의 세속적인 실정법보다 우선한다는 전제하에 만약 국가의 실정법이 자연법에 위배될 경우, 즉 개인들이 국가로부터 자연권의 보호를 받지 못할 경우 국가에 대해서 개개인은 저항할 수 있다고 주장한다. 절대권력을 부정하고 사회계약에 의해 성립된 국가의 권력은 제한되어야 한다고 보고 최고권은 국민에 있으며, 정

• 출처 : History, 검색일 : 2024년 6월 2일, https://www.history.com/topics/european-history/john-locke

부나 국가는 국민의 자연권을 보호하기 위해 존재한다는 주장은 당시의 영국의 시민 혁명의 영향을 받았다.[23]

루소는 『사회계약론』(1762)에서 인간은 태어날 때는 자유로우나 쇠사슬에 묶여있다고 비유한다. 하지만 그 쇠사슬은 전제군주에 의하면 강제, 속박이 되지만, 인간들 스스로 공동결의를 통해 쇠사슬을 사용하면, 완전히 다른 성격의 쇠사슬이 된다고 주장한다. 법은 인간을 복종시키는데(쇠사슬 역할), 그 법이 전제군주에 의해 만들어지면 속박을 받지만, 사회의 모든 구성원이 입법에 공동 책임을 지게 되면, 구속받는 인간을 오히려 자유를 누리는 인간으로 변화시키는 수단이 된다는 것이다.[24]

루소는 사회 전체의 힘으로 구성원의 재산과 신체를 보호하고 각 개인이 '일반의지'에 복종하여 자연상태와 같은 자유로운 생활을 영위하자고 주장한다. 루소는 사회의 구성원이 자신들의 모든 권리를 사회전체에 양도하여 일반의지를 형성하게 되고, 이는 특정인에게 권리를 양도한 것이 아니게 된다. 사회계약을 통해 개개인은 독립을 포기하고 새로운 일체로서의 국민을 형성하게 된다고 주장한다. 사회계약을 통해 공적 인격의 의사인 일반의지가 형성되었기에 일반의지를 집행하는 주체는 국민이 된다. 즉 일반의지를 형성하는 개개인

---

23 문지영, (2021), "자연권으로서의 인권?: 존 로크(John Locke)의 인권 사상 재고", 『민주주의와 인권』, 제21권 4호, pp.82-95. 참조

24 차기벽, 앞의 책, p.30.

■장자크 루소(1712–1778)•

은 곧 주권자가 되기에 주권자인 국민을 속박할 어떠한 규범도 존재하지 않게 된다. 이는 주권이 국민에 있다는 오늘날 민주주의 국가에서 지극히 당연한 주장인 국민주권론의 시초가 된다.25

루소는 국가에 대한 복종은 국민인 자신에 대한 복종이 되므로 정당화된다고 주장한다. 이러한 개념은 자유에 대한 강제(forced to be free)로 발전하게 된다. 로크와 루소의 사상은 개인의 자연권을 보호받기 위해 국가를 만들었고 국가보다 사회의 가치를 우선시하였다. 그들의 사상은 프랑스 혁명의 이념적 토대가 되었고 민주주의의 초석이 되었다.26

19세기에 이르러 민주주의 이론에 대한 체계화가 진행되

25 김용민, (2003), "루소의 정치철학에 있어서 일반의지와 애국심", 『정치사상연구』, 8집, pp.104–107. 참조

26 차기벽, 앞의 책, p.31.

• 출처 : World History Encyclopedia, 검색일 : 2024년 6월 2일, https://www.worldhistory.org/Jean-Jacques_Rousseau/

었다. 제퍼슨은 존 로크(John Locke)의 정치사상을 부연하여 '평등'을 자유와 동등하게 강조하였다. 링컨은 자유와 평등, 자치와 다수결의 원리의 정당성을 강조했다. 밀은 평등보다는 자유를 신봉하였으며, 대의정치 안에서 자유를 극대화하려 하였다. 밀이 말하는 대의정치는 보통선거권, 자유선거, 관직의 짧은 임기, 국민의 정부 통제를 의미한다. 이러한 대의정치의 기저에는 자유가 가장 중요한 요소로 자리잡는다. 제퍼슨은 개인의 자유를 보호하기 위한 '약한 정부(weak government)'를 강조했고,[27] 링컨은 자치에 의거하는 '국민에 의한 정부'를 강조했고, 밀은 시민적 자유를 옹호하는 '대의정부'를 강조했다.[28] 그들에게는 정부란 목적을 위한 수단이지 목적 자체는 아니었다.

3. 민주주의의 원리

민주주의의 고대 그리스의 직접민주주의에서 현대의 대의민주주의까지 범위가 다양하다. 하지만 그 본질은 주권이 국민에게 있다는 원리에 기반한다. 즉 민주주의는 국민에 의한 정치인 것이다. 대의민주주의는 국민이 국가권력을 행사

---

27 하성호, (2018), "앨버트 갤러틴과 제퍼슨 민주주의", 『서양사론』, 136권, pp.99-100.

28 윤성현, (2011), "J.S.Mill의 민주주의론에서 '참여'의 헌법이론적 의의", 『공법연구』, 제40집 제1호, pp.237-239. 참조

할 지도자를 선출하고 선출된 지도자가 권력을 행사한다. 이를 위해 대의제, 선거제, 복수정당제, 권력 분립 등을 마련하고 있다. 또한 중요한 원리로 통치에 관한 규칙이 헌법에 명시되어 있는 입헌주의를 채택하고 있다. 즉 인간에 의한 자의적이고 임의적인 통치방식을 '법에 의한 정부'라는 개념으로 대치한 점이 민주주의의 중요한 원리이다.

서구 정치의 발전은 절대주의적 군주제에서 군주의 자의성을 제한하는 투쟁의 역사였다. 결국 군주도 의회와 국민들에게 권력의 일부를 공유하고, 자신의 통치행위도 헌법에 명시하도록 압력을 받았다. 따라서 우리는 입헌주의와 민주주의를 동일시하는 경향이 있다. 즉 모든 민주주의 국가는 입헌주의 국가이지만, 입헌주의 국가가 꼭 민주주의 국가는 아니다. 따라서 민주적인 제도가 헌법에 명시되어 있으며 운용상에도 민주적 제도가 발휘될 때 이를 입헌민주주의라고 부른다. 반면, 헌법상에 민주주의적 요소를 명시하고 있으나, 실제 운용상에서 독재체제를 강화하기 위해 민주적 제도를 교묘하게 이용하거나 은폐하는 방식을 취하는 국가도 존재한다.[29]

1) 삼권분립에 의한 견제와 균형

민주주의의 원리는 첫째는 삼권분립에 의한 견제와 균형이 있다.

---

29 차기벽, 앞의 책, pp. 34-36.

대의민주주의는 사회의 다양한 의사를 반영하여 복수정당제와 선거제도를 통해 실현된다. 정기적인 선거를 통해 평화적 정권교체가 가능할 때 사회성원들이 정부를 통제할 수 있게 된다. 대의민주주의는 국민에게 책임을 지는 정부를 구성하는 것이며, 정권 교체의 권리가 국민에게 주어질 때 가능해진다. 대의민주주의에서는 권력의 분립(일반적으로 삼권의 분립)을 통해서 견제와 균형(checks and balances)이 이루어진다.[30] 권력의 분립에 대해서는 고대 그리스의 아리스토텔레스(Aristoteles)가 언급하였다. 그는 심의 · 집행 · 사법으로 나누어야 한다고 역설하였다. 이후 프랑스의 몽테스키외(Baron Montesquieu)가 권력자는 힘을 남용하게 된다고 주장하며 입법 · 집행 · 사법의 삼권으로 분립시켜야한다고 주장한다. 이를 통해 상호견제와 균형이 이루어지게 된다는 것이다.[31]

임마누엘 칸트(Immanuel Kant)는 삼권분립을 삼단논법에 비유하였다. 입법부의 일반적인 결정은 대전제에 해당하며, 집행부의 특수한 결정은 소전제에, 사법부의 법의 해석은 결론에 해당한다는 것이다. 이른 통해 삼권이 상호보완적으로 기능을 수행한다는 의미이다.[32]

---

30 김주성,(2008), "심의민주주의인가, 참여민주주의인가?", 『한국정치학회보』, 제42집 제4호, pp.14-17.

31 홍태영, (2007), "몽테스키외의『법의 정신』에 대한 정치적 독해", 『한국정치학회보』, 제41집 제2호, pp.148-150. 참조

32 정호원, (2017), "칸트에게 있어서의 도덕과 정치에 관한 연구 : 국내

2) 대표의 원리와 다수결의 원리

민주주의의 원리 중 두 번째는 대표의 원리와 다수결의 원리이다.

이제는 민주주의 제도의 실제 운용에 있어서 의거해야 할 기본 원리에 관해 검토할 차례이다. 근대의 민주정치는 대의정치의 방식을 채용하지 않을 수 없다함은 이미 말한 바이나, 대의정치기구를 원활하게 운용하려면 우선 국민의 대표를 선출해야 하고, 다음에는 통일된 하나의 국가의사를 결정해야 한다. 전자와 관련되는 것이 대표의 원리이고, 후자와 관련되는 것이 다수결의 원리이다. 이 두 원리는 대의정치기구를 운용하는 데 기초가 되는 기본원리이다.33

민주주의 제도에서 대의제는 필수적인 요소이다. 이를 실행하기 위해서 국민들은 대표자를 선출하며 선출된 대표자들은 하나의 통합된 국가의사를 결정해야한다. 전자는 대표의 원리이며, 후자는 다수결의 원리이다. 두 원리는 대의민주주의를 뒷받침하는 요소이다.34 입헌민주주의는 사회의 구성원의 뜻이 반영되는 제도의 수립이 중요하다. 현대의 민주주의는 국민의 직접참여가 아닌, 권력의 위임을 통한 대의민주주

적 · 국제적 · 글로벌 정치영역에서의 도덕률을 중심으로", 『문화와 정치』, 제4권 제1호, p.14. 참조.

33 차기벽, 앞의 책, p.41.

34 김선화, (2016), "대의 민주주의와 다수결원리 : 가중다수결을 중심으로", 『법과사회』, 52호, pp.4-9. 참조

의 방식을 채택한다. 대의 민주주의는 자신들이 선출한 권력에 대한 감시와 통제가 있어야 한다. 국민의 의사가 제대로 대표되는지가 중요한 요소인 것이다.

민주주의에서 선거는 대의정치를 위한 필수적인 요소이다. 또한 국민들에게 선택지를 제공하기 위해 정당이 존재한다. 국민의 의사를 개별적으로 정부에 전달하기보다는 조직화하는 것이 더 효과적이다. 정당은 국민의 다양한 의사를 통합하게 된다. 민주주의 국가는 최소한 두 개 이상의 정당이 존재하기 마련이다. 이러한 복수정당제도는 민주주의 정치의 필요조건이 된다.[35] 대표의 원리는 다양한 사회구성원의 개별의사가 있으나 선거를 통해 대표가 선출되면 국민 개개인의 주권의 일부를 대표에게 양도하게 되는 것이다. 이를 통해 대표자는 자신의 독립된 판단과 의사를 국정에 반영할 수도 있고, 사회구성원의 의사를 그대로 반영하여 국정을 운영할 수 있다. 대표자가 자신의 독립된 의지대로 국정을 수행해야 하는가, 아니면 유권자들의 뜻을 반영해야 하는가에 대한 논란은 있으나, 실질적으로 대표자는 두 영역에서 선택적으로 국정을 운영한다. 대표의 원리에서는 일단 대표가 선출되면, 구성원은 그 결정에 따라야 한다는 전제가 대표의 원리에서 중요한 것이다.

다수결의 원리는 의사결정의 통합을 위하여 양적인 측면

---

35 차기벽, 앞의 책, pp.36-37.

에서 의사를 결정하는 것이다. 민주주의 제도에서 모든 국민들의 뜻이 일치할 수는 없으며, 국민 개개인은 다양한 의사를 가지고 있다. 이를 해결하기 위해 수적인 다수의 의지를 전체의 의지로 간주하여 의사결정을 하게 되는 것이다. 하지만, 이러한 과정은 개개인들이 평등하다는 민주주의의 기본원리와 위배되는 사안이며, 다수의 의사가 소수의 의사보다 질적인 측면에서 우수한가에 대한 의구심이 생기게 된다. 따라서 의사결정과정에서 토론, 설득, 타협의 과정이 있은 후 심의의 과정을 거쳐 최종적으로 다수결이라는 원리가 채택되어야 한다. 다수결의 원리는 영국의 시민혁명에서 유래한다. 당시 다수(의회파)의 의견은 소수(왕당파)보다 양적 · 질적으로 우세하다는 로크의 신념에 따라 이론화되었다. 다수결의 원리는 민주주의의 기본 원리가 되었으며, 다수의 의견이 소수의 의견보다 우세하기 위해서는 토론의 과정을 거쳐야 한다. 토론을 통해 양 진영은 옳다고 생각하는 의견을 수용하여 더욱 발전된 형태의 안이 나오게 된다. 즉 이는 이념/의견의 전투가 아닌 합의의 과정이다.[36]

36 차기벽, 앞의 책, pp.41-43.

4. 자유민주주의의 형성

1980년대 이후 아시아, 남미, 아프리카에서 민주화가 진전된 이래 프란시스 후쿠야마(Francis Fukuyama)는 이른바 역사의 종언을 선언했다.[37] 이는 공산/사회주의와 민주주의와의 이념 대립이 종식되고 자유민주주의가 최종적으로 승리했다는 것을 의미한다. 자유민주주의는 '자유'의 측면에서 자유를 보장하고 국가로부터 시민들을 보호하며, 정부에 대한 견제 장치를 마련하는 것이다. '민주'의 측면에서는 보통선거권과 정치적 평등원칙을 바탕으로 입헌주의를 나타내는 것이다.[38] 자유민주주의는 몇 가지 특징을 가지고 있다. 1) 공식적이고 합법적인 규칙에 기초한 입헌정부 2) 시민의 자유와 권리의 보장 3) 견제와 균형을 통한 권력의 분립 4) 보통선거권과 정치적 다원주의 5) 정부로부터 독립, 자율성이 보장된 시민사회 6) 자본주의와 시장원리를 수용한 경제 체제이다. 자유민주주의라는 용어에는 갈등되는 요소가 내포되어 있다. 고대 그리스의 플라톤과 아리스토텔레스는 민주주의에 대해 부정적인 견해를 나타냈다. 그들은 민주주의라는 대중의 지배가 소수의 지혜를 희생시킬 수 있다고 주장했다. 19세기에

---

37 Fukuyama, Francis. (1989). "The End of History?", 『The National Interest』 (Summer), pp.3-4

38 앤드류 헤이우드, 2014. 『사회사상과 정치 이데올로기』. 도서출판 오름, p.68.

자유주의자들은 민주주의를 위협적인 것으로 간주했다. 그들은 민주주의가 개인적 자유에 해가 된다고 주장했다.39

자유민주주의 체제는 오늘날 서구의 선진국가들이 채택하고 있는 이념으로 국가의 안정과 번영을 가져다주었다. 이는 체제 자체의 개방성에서 기인한다. 자유민주주의 체제는 역사적으로 절대군주제, 봉건제, 20세기의 나치즘, 파시즘, 군국주의와 싸워 이겼으며, 냉전체제의 붕괴로 인해 마침내 최종적인 승리를 거머쥐었다.40

1980년대 소련이 몰락하면서 공산주의 체제는 쇠락의 길을 걷게 되었다. 자유민주주의 체제에 대항할 만한 이념은 전 지구적으로 존재하지 않게 되었고, 가장 바람직한 정치유형으로 인식되었다. 프란시스 후쿠야마는 역사의 종언을 선언하며, 서방의 자유민주주의가 마르크스주의, 파시즘에 대항해 최종적으로 승리하였고, 역사의 마지막에는 계급문제를 해결할 보편적이고 동질적인 국가가 형성될 것이라 주장하였다. 이 국가는 자유민주주의 체제와 대중소비사회로 나아간다는 것이다.41

---

39 앤드류 헤이우드, 2014. 『사회사상과 정치 이데올로기』. 도서출판 오름, pp. 67-68.

40 김동근, (2010). "자유민주주의의 한계와 가망성", 『윤리교육연구』, 23, p.204.

41 Fukuyama, Francis. (1989). "The End of History?", 『The National Interest』 (Summer), pp.3-4.

하지만, 자유민주주의만이 완전한 형태의 정치이념이라고 승리를 선언한 것에 대한 비판적인 시각도 존재한다.

미국의 자유민주주의가 미국의 상대적인 쇠락과 함께 의구심을 만들고 있다. 9.11 테러 이후 아프가니스탄, 이라크에 대한 미국의 강압적 군사조치와 도전, 2008년 글로벌 금융위기 당시 미국의 리더십의 의구심, 중국의 팽창적 정책에 대한 미국의 패권의 대응면에서 기존의 미국의 패권 질서에 대한 재조명이 진행되고 있다.

자유민주주의는 전 세계의 많은 국가에서 채택하고 있으며, 한국도 자유민주주의를 국가체제의 기본이념으로 채택하고 있다. 자유민주주의에 대한 여러 담론들이 존재한다. 이를 소개한다. 자유민주주의는 자유주의(liberalism)와 민주주의(democracy)라는 정치이념이 결합된 형태이다.[42] 19세기에 자유주의자들은 민주주의를 경계하였다. 민주주의의 기본 전제가 평등을 기초하고 있으며, 인간의 기본권은 제한되지 않는다는 관점으로 노동자들도 자본가(부르주아)계급과 동일한 권리를 가진다는 점에서 자신들의 참정권과 재산이 제약받을 것이라는 우려로 자유주의자들의 민주주의를 위험한 것으로

---

42 박찬표, (2008), "한국 자유민주주의의 초상 : '민주주의 과잉'인가 '자유주의 결핍'인가", 『아세아연구』, 제51집 제4호, p.149.

간주하였다. 하지만 노동자 계급의 수가 급증하면서 부르주아는 민주주의를 수용하게 되었다.[43]

부르주아는 경제적 능력을 바탕으로 자신들의 이익을 보호할 수 있는 국가체제를 수립하였으며, 국가는 정치 · 경제 · 사회 영역에서 자신들의 능력과 소질을 발휘할 수 있도록 운영되어야 한다고 생각한다. 자유주의는 개인주의를 바탕으로 한다. 개인은 자연상태에서부터 보장된 자연권을 철저히 누려야 한다는 관념을 바탕으로 만약, 국가권력이 자연권을 침해할 경우 국가권력이라도 제약을 받아야 한다는 것이다. 자유주의자들은 초기에는 봉건질서 속에서 개인을 해방하려는 급진 부르주아 해방이념에서 출발하였으나, 노동자 계급이 증대되어 참정권 요구 등 부르주아의 기득권에 도전하자 이를 지켜나가기 위한 보수 이념으로 변화하였다.

자유주의와 민주주의는 대립적인 이념이다. 자유주의는 부르주아의 재산권을 인정하지만, 민주주의는 다수의 대중에게 재산권이 해악이 된다면 폐기해야 한다는 입장이다. 근대 이후 민주주의는 부르주아의 독점지배에 대항하는 대중의 정치적 해방으로 표출되었으며, 주권이 공동체를 구성하는 인민에 있는 인민주권사상이 형성되었다.

자유주의자들은 민주주의자들로부터 기본권을 보장받았

---

43 김동근, (2010). "자유민주주의의 한계와 가망성", 『윤리교육연구』, 23, pp.204-205.

고, 민주주의자들은 자유주의자들로부터 선거권을 획득했다. 자유주의자들은 자신들의 기본권이 보장되지 않으면 국가권력도 제한받아야 한다고 주장한다. 즉 개인들은 사회계약을 통해 국가를 수립한 것이며, 국가나 동료가 침해할 수 없는 기본권을 가진 존재라는 것이다.

자유주의와 민주주의는 입헌주의를 통해 타협을 이루었다. 자유주의자가 우려하는 다수의 폭압에 의한 기본권의 침해는 헌법에 명시된 권리로 보호받게 되었다. 또한 민주주의자는 헌법에 명시된 보통선거권을 통해 정치활동에서 평등한 권리를 부여받았다. 이로서 자유주의자들은 자유민주주의라는 이념을 내세우게 되고 자유민주주의를 최선의 민주주의체제, 최상의 경제체제로 인식하게 된다.

자유주의와 민주주의의 결합 과정에서 자유주의는 민주주의의 평등개념을 수용하여 자유민주주의라는 개념으로 발전시켰다.

이 과정에서 자유주의는 민주주의에 내포된 평등과 다수의 지배 개념에서 소수의 권리를 보호하기 위해 법의 지배라는 입헌주의를 제도화시켰다. 또한 헌법에 입법 · 사법 · 행정의 삼권을 분립하여 상호 견제와 균형이 이루어지도록 하였다. 권력분립과 입헌주의를 통해 독재의 출현을 방지하고자 하였다. 자유민주주의의 기본이념은 첫째, 인간을 존엄하게 여긴다는 것이다. 인간은 최고의 목적이며, 수단이 될 수 없다. 둘째, 자유와 평등의 보장이다. 자유는 인간의 기본권이며, 평등은 동등한 대우를 받는다는 권리이다. 자유민주주의에서는 자유와 평등을 어떻게 조화시킬 것인가가 중요한 문제이다.[44]

1) 자유민주주의의 위기

자유민주주의는 재산을 축적한 부르주아지에 의해 성립되었다.[45] 고전적 형태의 자유민주주의는 사회의 변화에 따른 일반대중의 등장하게 된다. 하지만 사회규모의 변화와 전문성은 일반대중이 정치에 주도적으로 참여기 보다는 수동적인 역할만을 수행하게 된다. 자본주의하에서 시장경제의 운영원칙은 업적주의이다. 본주의하에서 시장경제의 운영원칙은 업적주의이다. 자본주의에서는 업적과 효율성을 중요하게 여긴다. 하지만 이러한 원칙은 필연적으로 불평등한 결과를 초래한다. 효율성과 경제적인 평등은 일반적으로 반비례 관계를 가진다. 즉 효율성이 높아지면, 경제적 평등성은 낮아진다. 반면, 효율성이 낮아지면, 경제적 평등성은 높아진다. 이러한 반비례 관계를 해소하기 위해 서구사회에서는 수정자본

44 문지영, (2004), "한국에서의 자유주의와 자유주의 연구 : 문제와 대안적 시각의 모색", 『한국정치학회보』, 제38집 제2호, p.79.

45 김동근, 앞의 책, pp.207-208.

주의를 채택하여 효율성과 함께 생존권적 기본권도 역시 중시한다.

루소는 진정한 민주주의는 존재하지도 않았으며, 앞으로도 존재하지 않을 것이라고 언급했다. 그 이유는 첫째, 모든 국민들을 한 곳에 모을 수 있고, 모든 시민들이 모든 이웃들을 알 수 있을 만큼 작은 국가여야 한다는 것이다. 둘째, 규범이 간단하고 업무가 적어 곤란한 문제들은 회피되어야 한다는 것이다. 셋째, 재산과 신분에서 평등이 있어야 한다는 것이다. 위의 세 가지 조건들을 충족시킬 수 없기에 진정한 민주주의는 어려운 것이다. 1970년대 민주주의의 위기에 대한 논의가 있었다. 평등과 개인주의의 가치를 추구하는 동안 권력의 정통성과 지도자에 대한 신뢰가 저하되었다. 정부, 정당, 기업, 학교 등의 권위가 도전을 받았다. 또한 민주주의 결손 문제가 발생했으며 민주적 제도에 대한 시민들의 불신이 팽배해졌다. 또한 현대 민주주의는 대표의 실패에 관한 문제도 발생한다. 시민의 대리인으로 선출된 대표가 자신의 사익을 추구하며, 대리인으로서 활동하지 않아도 문책할 수단이 여의치 않다. 결국 시민과 대표들 간의 사이가 멀어지며, 이른바 정치전문가들이 시민을 대신하는 기술관료적 민주주의가 나타나게 된다. 또한 현대 민주주의는 다수결의 원칙에 따라 집단의 의사를 결정한다. 이는 다수의 독재가 심화되며 소수의 의견이 배제되는 결과를 초래한다.

서방의 선진민주주의 국가들 중에서 국민의 다수의 지지를 받아 정권을 장악하는 정부는 드물다. 대체적으로 불안정한 연립정권을 유지하게 되는데 이때, 국민 과반수의 지지를 이끌어내지 못한 군소정당들로 구성된 정권의 한계로 인해, 안정성이 떨어지며, 정권의 연명이 최대의 관심사일 수 밖에 없게 된다.

민주주의가 정착된 선진국에서는 정치적 권위가 점차 저하되고 시민의 자유가 과잉상태에 빠진다. 반면 신생 민주주의 국가에서는 정치적 권위의 지나친 강화와 자유민주주의의 위축을 경험하고 있다. 민주주의는 완성된 형태로 존재하는 것이 아니며 끊임없이 발전시키고 완성시켜야 하는 것이다. 선진자본주의사회에서 나타나는 자유민주주의는 모든 국민에게 형식적 평등, 자유, 참정권을 부여하여 절차적으로 민주적 요소를 갖추었으나, 형식적 평등을 넘어선 이면에는 실질적 불평등과 다수의 정치권력으로부터의 소외현상이 발생한다. 자유민주주의의 다른 과제는 다수의 지배와 소수이익의 보호를 어떻게 조화시킬 것인가이다. 민주주의는 다수가 지배하는 정치제도이다. 하지만 다수가 소수의 의견을 무시하고 다수의 횡포를 묵인한다면 이는 다수의 독재라고 할 수 있다. 현대의 자유민주주의는 오히려 민주주의적 요소가 약화되었다고 평가받는다. 이는 대중의 정치적 무관심, 대의제

의 형식성, 선거기간 이외의 기간에는 대중에 대한 소외 등을 들 수 있다.[46]

2) 한국의 자유민주주의

대한민국의 헌법 제1조 제2항에는 "대한민국의 주권은 국민에게 있고, 모든 권력은 국민으로부터 나온다."고 명시되어 있다. 이는 국민주권의 원리가 헌법상에 보장되어 있다는 것이다. 한국의 자유주의는 외부로부터 전해져 공식적인 지배이념으로 설정되었지만, 한편으로는 저항이념으로 발전하였다. 즉 권위주의 정권의 정당성을 확보하는 지배이념으로 사용되기도 하였으나, 독재정권에 맞서는 민중의 해방이념으로 이중적인 기능을 수행하였다. 한국에서는 민주주의, 자유주의, 자유민주주의를 구분하는데, 민주주의에는 도덕적인 의미를 부여하지만, 자유주의와 자유민주주의는 비판적인 시각을 가진 것이 사실이다. 서구권에서는 자유주의자들이 민주주의자들과 정치 투쟁을 벌인 후 비로소 자유민주주의라는 이념이 탄생한 반면, 한국에서는 '민주주의=자유민주주의'라는 이념으로 인식되었다. 이는 일제로부터 해방 이후 한국이 수용한 민주주의는 초창기 진보성을 지닌 이념이 아니라 미국과 소련간의 냉전에서 진영노선에 입각한 보수화된 민주주

---

46 김동근 (2010), 앞의 책, pp.208-210.

의 이념으로 자유민주주의는 곧 파시즘, 공산주의자들과의 대결에서 자유와 민주주의, 자본주의 가치를 지켜나가기 위한 방어적인 이념이 되었다. 즉 민주주의의 초기의 혁명적이고 진보적인 성향이 축소되었던 것이다. 1970년대 독재에 항거한 민주화운동에서 민주주의는 곧 자유민주주의를 의미했다. 민주주의가 성공하려면 두 단계를 거쳐야 한다. 첫째는 민주화 단계이다. 이는 국민이 선거를 통하여 통치자를 선택할 수 있다는 의미이다. 둘째는 자유화 단계이다. 이는 선거를 통해 선택된 통치자가 국민의 자유와 권리, 생명과 재산을 보호하는 것이다. 하지만 민주화 단계가 성공하였더라도 반드시 자유화의 단계로 넘어가는 것은 아니다. 즉 자유민주주의가 정착되기 위해서는 많은 어려움을 극복해야 한다. 어려움 중 하나는 포퓰리즘이다. 이는 지배계층이 권력의 획득과 유지를 이해 대중영합적 정책을 추진하는 것이다. 포퓰리즘이 심화되어 국민이 우민화되면 자유민주주의는 실패하게 된다. 자유민주주의의 정착에 방해되는 요인은 급진주의이다. 이는 사회적 과격파와 선동세력이 등장하여 소수의 세력으로 침묵하는 다수를 위협하여 국가의 기본질서와 가치를 파괴하는 행태이다. 국민을 폭민화하는 급진주의도 자유민주주의를 실패하게 만든다. 포퓰리즘과 급진주의가 만연하면 합리, 이성, 타협의 정치는 불가능해지고 대결, 분열, 선동의 정치만이 난무하게 된다. 또한 남북한 간의 이념, 군사적 대결구도에서 자유민주주의 이념이 공산주의에 대한 대항 이데올로기로서 정치엘리트에 의해 활용되고 해석됨으로써 자유민주주의의 기본적 가치가 왜곡되었다. 하지만 자유민주주의는 국가의 발전과 개인의 자유 증진을 위한 이념으로 앞으로 전개될 남북한 통일 시대에 적합한 이념이 될 것이다.[47]

생각해보기

1. 다수결은 합리적인가?

2. 대의 민주주의에서 선출된 대표자는 국민의 뜻을 따라야하는가? 자신의 신념에 맞게 행동해도 되는가?

3. 대의 민주주의와 참여 민주주의의 장단점은 무엇인가?

---

47 김동근 (2010). 앞의 책, pp.210-212.

1. 문화에 대한 이해

인간도 다른 동물들과 마찬가지로, 그들이 지닌 생물학적 조건이나 주변의 자연환경으로부터 커다란 영향을 받고 살아간다. 그러나 인간이 다른 동물들과 구별되는 가장 중요한 특징은 바로 인간이 문화를 발전시켜 왔다는 점이다. 그러나 인간이 지닌 문화는 사회마다 다양한 모습을 보이고 있으며 같은 사회 내의 하위집단들 사이에서 나타나는 문화적 양상마저도 다른 모습을 보여준다. 그렇다면 문화란 무엇인가? 지금까지 여러 인류학자들에 의하여 수많은 정의가 제시되어 왔지만, 윤리의 정의와 마찬가지로 문화에 대한 정의 역시 정확하게 내리기 모호하며 학자들마다 의견이 분분하다. 이미 50

출처: freepik

년 전에 A.L. Kroeber은 175가지 문화의 개념을 비교하여 이 주제가 얼마나 복잡한지를 보여준 바 있다.

서구의 대표적인 문화인류학자의 정의를 먼저 살펴보면, 영국의 인류학자 에드워드 타일러는 문화를 "넓은 민족지적 의미에서의 문화 또는 문명이란 지식, 신념, 예술, 도덕, 법, 관습, 그리고 기타 사회성원으로서 인간에 의해 획득된 모든 능력과 습관들을 포함하는 복합적 전체이다"라고 정의하였으며, 미국의 인류학자 코탁은 문화란 사회의 성원들에 의해 학습되고, 공유되고, 양식화되면서 다음 세대로 이어지는 것이라고 정의하였다. 한편, 동양에서의 문화 개념을 살펴보면 중국에서는 서구의 견해와는 약간 다른 중국 나름의 개념이 오래 전부터 존재해 왔었다. 중국에서 전통적으로 사용하는 문(文)의 의미는 인간의 생활에 있어서 가장 적합한 전범(典範)을 가리키는 것이며, 화(化)는 문을 이용하여 인간의 삶의 양

출처: 네이버 이미지

식을 변화시키는 것을 말하는 것이다. 다시 말하면, 문화란 문으로 다스리고 바르게 가르친다는 문치교화(文治敎化)를 의미하는 것이라고 볼 수 있다. 즉, 서구사회에서 의미하는 문화란 주어진 환경여건에 적응하면서 살아가는 이런저런 사람들의 생활방식의 모든 것을 가리키는데 반하여, 중국사회에서 말하는 문화란 문치교화로서 이상사회를 만들어 나가는 행위를 의미하였다.

'경작하다'라는 우리나라 말의 영어식 표현은 'cultivate'이다. 무엇인가를 기르거나 자라도록 애쓴다는 뜻을 담는다. 문화(culture)는 여기에서 유래했다. '인간의 마음이나 정신을 기르는 그 무엇'이라고 해석이 가능하다. '문화적'이란 말을 들었을 때 '교양있는(cutured)'이란 표현이 연상되는 이유가 여기에 있다고 볼 수 있다. 문화란 단어가 예술이나 문학, 특정 분야에서 통용되는 행동 방식과 연결되어 사용되는 이유

또한 이것이다. 상갓집에서는 웃으면 안되거나 위로의 말을 건네야 한다는 등과 같은 특정한 행동 규칙을 따라야 한다. 반대로 결혼식장에서는 행복을 기원하며 밝게 웃어야 하는 행동 규칙이 있다. 혹여나 축가로 '이별'을 주제로 하는 노래를 부르면 안되는 것은 우리가 상식적으로도 알 수 있다. 이러한 행동 규칙은 가정, 회의실, 교실, 운동장과 같은 모든 장에 존재한다. 여기엔 언어, 관습, 전통, 행동이나 표정 등이 포함되며 우리는 살아가면서 이처럼 특정 장에 내재된 행동 규칙을 몸에 체화해간다. 이러한 인간 생활 방식의 모든 것이 문화의 범주에 포함될 수 있기 때문에 문화란 것에 대한 구체적인 정의를 하는 노력은 현재까지도 계속되고 있다.

하지만 문화에 대한 이해에 있어서 위에서처럼 이론적인 부분에 대한 완벽한 정의와 개념 정리를 위한 노력도 중요하지만, 더 중요한 것은 직관적으로 인식할 수 있는 범위에서의

출처: 네이버 이미지

개념 정의이다. 이러한 측면에서 문화를 해석하면, 문화란 "사람들의 집단이나 사회에 범위를 둔 어떤 특정한 생활방식"이라고 볼 수 있다. 문화에 대한 사전적인 정의도 "한 사회의 개인이나 인간 집단이 자연을 변화시켜온 물질적 · 정신적 과정의 산물"로 명시되어 있다. 이러한 문화에 대한 개념은 고정불변하다고 할 수 없다. 문화의 개념은 점점 변한다. 그 중에서도 가장 두드러진 현상은 문화의 일상화라고 볼 수 있다. 과거엔 공예, 예술, 전통과 관습을 문화로 생각했으나 지금은 텔레비전과 영화, 가요, 유행과 패션을 떠올린다. 아울러 문화라는 말도 쓰임새가 매우 넓어졌다. 지하철과 백화점에 문화공간이 생겨나고 군대문화, 목욕문화, 음식문화, 교회문화 등 어디나 문화라는 말을 붙이기 주저하지 않는다. 심지어는 성문화나 화장실문화라는 말을 쓰기도 한다.

본 교재에서 윤리와 함께 문화에 대한 이해를 다루는 것은 윤리와 문화가 '인간'에게 있어 반드시 필연적으로 따라오는 부분이기 때문이다. 문화는 위에서 여러 정의를 봤지만 가장 간단하게는 "인간 집단의 생활양식"이라고 정의할 수 있다. 문화는 인간의 독특한 생존방식에서 비롯된다. 그래서 문화가 무엇이냐는 인간이 무엇이냐는 질문과 같다. 인간은 동물과 다르게 고도의 의식적인 삶을 영위한다. 인간을 지식 추구나 도구 사용과 연관해 호모 사피엔스 등 사회-정치적 존재로 부르는 것이 바로 그 때문이다. 그리고 이 모두가 인간이 독특한 삶의 방식, 즉 문화적으로 살아가는 존재라고 말하는 것과 다르지 않다. 같은 논리로, 인간이 살아가면서 필요한 규범과 선과 악을 판별할 수 있는 능력, 인간 사회 공동체 속에서 최소한의 생활 도덕을 영위해야만 하는 인간은 윤리적인 존재라고 정의할 수 있다. 이러한 의미에서 윤리에 대한 이해와 함께 문화에 대한 개괄적인 이해는 인간 조직 사회를 이해하는데 있어서 필요한 부분이라 할 수 있다.

2. 군대조직의 특성

군대는 합법적으로 무력을 사용하는 집단으로서 조국의 주권과 영토, 국민의 생명과 재산을 보호하는 것을 기본임무로 하며, 때로는 자기네 국가의 의지를 상대방 국가로 하여금 수용하도록 강요하기 위해 전쟁을 수행하는 무장조직이다. 따라서 사회 일반의 다른 조직과 다르게 다음과 같은 특성을 지니고 있다. 첫째, 상명하복의 수직적 지휘체계이다. 군대조직은 합법적으로 무력을 사용하는 조직이므로 민간사회의 일반적인 공적 · 사적 조직과는 다르게 상명하복의 수직적 지휘체계를 갖추고 있다. 군대가 전투현장에 투입되면 어떤 어려움이 있더라도 주어진 임무를 반드시 완수해야 한다. 적군보다 전투력이 열세하더라도 공격명령이 하달되면 죽음을 무릅

쓰고 즉각 전진해야 하며, 사수명령이 하달되면 전멸을 각오하고 지켜야 할 곳은 반드시 지켜내야 한다. 군대가 전쟁에서 최종 승리하기 위해서는 상명하복의 수직적 지휘체계는 반드시 확립되어야 한다. 전장에서 상명하복의 지휘체계가 무너지면 순간순간 급변하는 전투현장에서 망설이거나 우왕좌왕 함으로써 최종 승리를 보장받을 수 없게 된다. 따라서 군대조직문화의 가장 기본적 특성인 상명하복의 수직적 지휘체계를 보호하기 위해 대한민국의 「군형법」에서는 전시 상관의 정당한 명령에 반항하거나 복종하지 아니한 사람은 사형, 무기 또는 10년 이상의 징역에 처하도록 규정하고 있으며, 「군인의 지위 및 복무에 관한 기본법(군인복무기본법)」에서도 군인이 직무를 수행할 때에는 상관의 직무상 명령에 복종하여야 한다는 명령복종의 의무를 부과하고 있다.

둘째, 전우애와 단결심이다. 군대조직 구성원들 간에 형성되는 강한 전우애는 전승(戰勝)에 필수적인 요소이다. 최고

출처: 연합뉴스

지휘관으로부터 말단 병사에 이르기까지 전장에 투입된 전우가 끝까지 나와 함께 할 것이라는 믿음이 없으면 그 군대는 전투에서 승리할 수 없다. 인접한 전우가 자기 참호를 버리고 도망가면 적군이 내 뒤로 돌아와서 나를 죽일 것이라는 두려움이 상존하는 곳이 전쟁터인데, 내 옆을 지켜줄 전우에 대한 신뢰가 없다면 앞만 바로 보고 전투해야 할 전투원이 불안함에 사로잡혀 있다가 사소한 징후에 겁을 먹고 도망가 버리면서 그 군대는 무너지게 된다. 따라서 군대는 상호신뢰를 바탕으로 강한 전우애가 형성되도록 평상시 병영생활이나 교육훈련장에서 대오를 이루고 임무와 역할을 분담해서 수행하도록 강조하고 있다. 그리고 군인들은 병영에서 1년 365일, 하루 24시간을 함께 동고동락하면서 서로에 대한 이해와 배려심을 키워나갈 수 있으므로 매우 강한 단결심을 갖고 있다. 군인들은 그 어떤 조직보다 구성원들 사이에 서로 밀착 관계가 강하게 형성되어 있는 가운데, 똑같은 군복을 착용하고, 동일한 경

출처: 국방일보

례구호를 사용하며, 다 함께 군가를 가창함으로써 같은 부대원이라는 소속감과 일체감이 강하게 형성되어 있다.

셋째, 인권이 부분적으로 제한될 수도 있다. 대한민국헌법에 따르면 모든 국민은 인간으로서의 존엄과 가치를 가지며, 행복을 추구할 권리를 가진다. 군인도 국민의 한사람이므로 헌법에 따라 인권을 보장받을 수 있다. 그러나 군대는 인권이 극단적으로 침해되는 전쟁에 대비한 조직이므로 군인들에게는 보편적 인권이 무한대로 보장될 수는 없다. 예를 들면, 인권에서 가장 중요한 부분이 생명권인데 전쟁에 투입된 군인이 적군의 생명권을 보장한다고 적을 죽이지 않으면 내가 죽어야 하므로 과감하게 공격해야 한다. 적의 총알이 빗발치는 상황에서도 지휘관은 돌격 앞으로 명령을 내려야 하고, 돌격명령을 받은 부하는 죽음을 무릎쓰고 돌격 앞으로 해야 한다. 전 · 평시 전투원으로서 강인한 체력과 건강한 신체를 유지하기 위해서는 먹기 싫어도 하루 세끼는 먹어야 하고, 잠을 자기 싫어도 자야 하며, 춥거나 더워도 교육훈련은 해야 한다. 민주주의 사회의 특징이 민주적 절차를 준수하고 다수의 의견을 존중하는 것이지만, 군대에서는 적용되지 않을 수도 있다. 시시각각 변화하는 전장환경에서 합리적인 의사결정 절차를 지키는 것보다는 지휘관 한 사람의 판단에 따라 결정하는 것이 더욱 효과적일 수 있으며, 전투를 두려워하는 병사에게는 다독거리는 말보다 강경한 어투의 명령이 효과적일 수

출처: 국방일보

도 있다. 10,000명의 군인을 살리기 위해 100명의 군인들에게 죽음을 무릅쓰고 돌파구를 개척하도록 요구할 수 있는 것이 군대조직의 특성이다. 전장상황에 적응하도록 흡연을 제한할 수도 있으며, 굶주림과 극도의 피로함을 체험토록 할 수도 있다. 군대란 누구에게나 보장되어야 할 기본적 인권이 제한될 수도 있는 조직이다.

넷째, 군대는 복합적 형태의 전투력을 보유하고 있다. 군대는 평상시에는 적대국가의 도발 의지와 도발 행동을 억제하는 역할을 수행하지만, 적국이 무력도발을 감행하면 가용한 모든 전투력을 동원해서 반드시 승리해야 하므로, 적과 싸워 이기는데 필요한 유형 전투력과 무형 전투력을 동시에 보유하고 있다. 유형 전투력은 군대가 보유하고 있는 병력 수, 현대화된 무기체계, 충분한 탄약, 최신의 정보 및 첩보 수집체계, 효율적인 지휘통제 시스템 등이라면 무형 전투력은 숙련된 전투기술, 높은 사기, 굳건한 전승의지 등이라 할 수 있다. 군대가 전쟁에서 승리하기 위해서는 상대방 군대보다 많은 병력 수, 현대화된 무기체계, 최신 첩보수집체계와 같은 유형 전투력뿐만 아니라 높은 사기와 굳건한 전승의지와 같은 무형 전투력도 동시에 높은 수준을 유지해야 한다. 따라서 세계 모든 국가들은 자신들의 주권과 이익을 수호하기 위하여 엄청난 인적 · 물적 자원을 국방자원으로 투자하면서까지 고도의 유 · 무형 전투력을 동시에 보유하려고 노력한다. 우리나라의 경우에도 육군 · 해군 · 공군으로 구성된 약 50만명 이상의 상비군을 보유하고 있으며, 매년 수십 조원에 가까운 국방비를 최신 무기체계 구입비용이나 군인들의 훈련비용과 급여로 지출하고 있다. 뿐만 아니라 "물질력이 칼집이이라면 정신력은 칼의 날"이라고 하였던 클라우제비츠의 격언과 "만대의 전차가 있더라도 군사의 사기가 떨어지면 그것은 패배다"라고 하였던 에르빈 롬멜의 격언을 교훈삼아 군인들로 하여금 높은 사기와 필승의 신념을 보유한 채 숙달된 전투기술을 구비하도록 노력하고 있다.

■군악대[48]

출처: 국방일보

군대조직의 특성

1. 상명하복의 수직적 지휘체계
2. 전우애와 단결심
3. 인권의 부분적 제한
4. 복합적 형태의 전투력(유형 전투력+무형 전투력)

48 군악대의 역할도 사기 증진을 통한 무형 전투력 향상에 있다

3. 군대문화

우리는 흔히 군대문화라는 말을 쓰지만, 이는 '군대조직' 내에서 형성된 문화라는 것을 줄임말이기 때문에 군대문화를 이해하기 전에 먼저 조직문화가 무엇인지에 대해 이해할 필요가 있다. 조직문화는 문화의 개념이 조직에 도입된 개념으로 다양하게 정의되고 있지만 Schein이 내린 정의가 가장 널리 인정받고 있다. Schein은 "특정집단이 고안, 발견, 개발한 것이 반복적이면서도 만족할 만하게 문제들을 해결해 줌에 따라 조직 구성원들이 오랜 기간 동안 타당한 것으로 여기고 아무런 의심 없이 당연한 것으로 받아들이며 새로운 구성원들에게는 조직의 대내외적인 문제를 해결하는 올바른 방법으로 학습되어지는 것"이라고 하였다. 이를 중심으로 볼 때 조직문화는 다음과 같이 5가지의 의미를 지니고 있다. 첫째, 조직문화는 사람들이 상호작용할 때 관찰할 수 있는 행동규칙성, 즉 사용하는 언어, 경의, 복종을 표현하는 방식이다. 둘째, 조직문화는 자연발생적으로 생기는 규범이다. 셋째, 조직문화는 조직의 지배적인 가치관이다. 넷째, 조직문화는 조직의 정책수립에 있어서 지침이 되는 철학이다. 다섯째, 조직문화는 조직 구성원들이 조직에 적응하는데 필요한 게임의 규칙이다.

우리는 흔히 어떤 조직이나 제도의 살아있는 모습을 포착

조직문화의 의미

1. 사람들이 상호작용할 때 관찰할 수 있는 행동규칙
2. 자연발생적으로 생기는 규범
3. 조직의 지배적인 가치관
4. 조직의 정책수립에 지침이 되는 철학
5. 조직 구성원이 조직에 적응하는데 필요한 게임의 규칙

하기 위해 '문화'라는 포괄적인 개념 하에서 조직 내의 '삶의 양식'을 고찰하게 된다. 따라서 위에서 분석한 한국 군대 조직의 특성과 조직문화에 대한 의미를 기반으로 한 군대문화에 대해 살펴보는 것은 군을 이해하는데 더 도움이 된다. 군대문화는 군대라는 하나의 특수한 사회체계 안에서 병영 내 구성원의 생활양식을 통해 형성되는 문화의 한 유형이라 할 수 있으며, 장병들이 공유하는 가치관, 사고방식, 태도 및 신념체계 등의 총체일 뿐만 아니라 그들의 사유작용과 행동절차를 망라하여 군대에서 이루어지고 있는 제반 생활양식 전체를 포괄하는 개념으로 설명할 수 있다. 이를 간략히 말하면, 군대문화란 "군조직 고유의 목표를 달성하기 위해 행하는 행위자들의 총체적인 생활양식"으로 정의할 수 있다. 이러한 군대문화는 그 성향으로 볼 때 부정적, 긍정적 요소 모두를 포함하

고 있다. 우선 부정적 요소라고 할 수 있는 것은 청산해야 할 군대문화라고 지적되는 보수적 성향, 강한 권위주의, 단순획일적 경향, 형식주의, 권력 지향적이고 관료주의적인 성향과 집단성이 강해 개성이 결핍되어 있다는 등의 내용이 많이 거론되고 있다. 권위주의, 획일주의, 집단주의, 연고주의 등은 대체로 민주적 성향과는 거리가 멀 뿐만 아니라 다양성과 민주성을 바탕으로 한 현대사회에 부적합한 가치로 보고 있다. 하지만 군이 국가의식 및 민족의식의 고양, 권위와 질서의 존중, 그리고 희생 · 봉사정신, 협동심, 조직적 사고 등 국가와 사회발전의 원동력을 제공했다는 긍정적 기능을 간과할 수는 없다. 특히 군 생활을 경험한 국민들은 애국심과 명예심, 그리고 헌신적인 정신과 적극적인 사고 등은 가장 튼튼한 사회적 자산이 되었음을 강조한다.

군대문화 중 가장 유심히 지적되고 있고 관심을 가져야 되

출처: freepik

는 부분은 가부장적 문화이다. 군은 합법적으로 무력을 다루는 집단으로서 전통적으로 남성적인 이미지를 갖거나 남성 중심적인 조직 그 자체로 인식되어 왔다. 최근에는 이러한 이미지가 다소 희석되어 많은 여성 인력이 군문에 들어서고 있고, 군도 제도상 남녀를 동등하게 대우함으로써 여성 인력을 유인하고 있다. 하지만 현실적으로 군 조직은 인원 구성비 면에서 절대 다수를 남성이 점하고 있기 때문에 남성 중심적인 사고와 문화는 당연한 것으로 받아들여져 왔다. 이와 같이 한쪽 성에 편향되어 있는 군대문화에 대한 의식은 상대적으로 다른 성에 대한 차별과 배제를 초래할 가능성이 있다. 특히 징병제를 채택하여 건강한 성인 남성이라면 대부분 군 복무를 해야 하는 우리나라의 경우에는 군이 사회의 가부장적 이데올로기를 강화시키는 온상으로 지목되기도 하였다. 군대문화는 독립적으로 존재하는 것이 아니라 일반사회에 속하며 그 문화와 서로 영향을 주고받는 것이므로 가부장적 군대문화가 일반사회로부터 기인한 것이라고 보는 쪽이 더 타당하지만, 남성 중심적인 군 조직문화가 현재 우리 사회의 가부장적 문화를 더욱 공고히 하는데 어느 정도 영향을 미치고 있음은 부인할 수 없다. 위에서 군대 조직의 특성으로 무형 전투력과 유형 전투력의 복합적 행태를 설명하였는데, 이렇게 남성 중심적인 군 조직문화는 무형 전투력에 치명적인 영향을 미칠 수 있다. 과거와 다르게 직업으로서의 여군 인력이 크게 증가하고 있으며, 그들은 여성이 아닌 군인으로서 국가를 위한 사명을 다하고 있다. 따라서 현대 사회에서 군대문화는 가부장적인 기존의 이미지를 탈피하여 성 차별과 일방의 성에 치우치지 않는, 남성과 여성 군 인력들이 조화롭게 국가와 국민의 안전보장을 위하여 힘쓸 수 있는 군대문화가 될 수 있게 모두 다 같이 노력을 기울여 조성해야 한다.

무엇보다 전쟁에서 싸워 이기기 위한 숙명을 전제로 형성된 군대문화에서 중심이 되는 특성은 집단주의이다. 집단주의는 개인주의, 개별주의에 대응하는 개념으로 집단중심주의라고도 한다. 군대의 임무는 국가적 이해관계 때문에 전투를 수행하는 것이 아니며 국가가 군대조직을 통해 수행한다. 집단주의의 의미는 군대에서는 개인보다는 집단이, 집단보다는 조직이, 그리고 조직보다는 국가가 우선시된다는 것이다. 또한 군대는 국가의 군대이며 국민의 군대이다. 집단주의는 최종적으로는 부대의 존속을 좌우하는 국가에 대한 충성과 소속감으로 들어난다. 국가에 대한 충성은 군대조직의 주요 가치이다. 민족국가에서는 민족주의가 여기에 부가되며 다민족 국가에서는 민족보다는 국가 자체에 대한 애정, 존경, 헌신으로 나타난다. 자신을 희생하여 국가를 구하는 것, 즉 위국헌신의 정신은 군대조직구성원이 갖추어야 할 가치이다. 이에 대해 국가는 애국과 보훈이라는 이름으로 보답하는 것이다. 충성은 상관 개인에 대한 충성이 아니라 국가에 대한 충성을 의미한다. 집단주의가 심하면 극우적 국가지상주의에 빠지게 된다. 또한 자유주의나 민주주의적 가치와 관련이 있는 개인주의에 대한 침해를 가져올 수 있다. 특히 개인의 기본권 제한은 전시임무의 수행을 위해 전시의 사활적 상황을 가정하고 헌법상 인정되는 것이며 평시에 적용할 때는 그 한계가 있다. 장병 개인의 사생활은 전투수행을 위해 군대의 조직목표 앞에 희생된다. 개인의 업적보다는 집단이나 조직의 업적이 더 강조되며, 개인의 동기부여보다는 부대의 사기나 군기가 더 강조된다. 개인 책임도 부과되지만 집단 책임이 함께 부과된다. 그리고 군대는 국가의 군대이기 때문에 엄격한 정치적 중립성이 요구된다. 특히 민주주의 사회에서 군대조직은 특정 정당을 위하여 충성하는 것이 아니라 국가와 국민을 위해 충성해야 하기 때문이다.

권위주의 역시 군대문화의 특성 중 하나이다. 권위주의란 위계중심주의라고도 하며 수직적 질서를 중시하는 태도이다.

출처: 국방일보

군대조직에서는 구성원 간의 서열과 위계질서가 매우 명확하다. 계급에 따라 질서가 부여되며, 기수와 군번에 따라 순서가 결정된다. 군대조직에서는 다수결에 의한 결정보다는 지휘관과 상관의 결심에 의존하여 의사가 결정된다. 또한 군대조직에서는 조직 내 기관 간, 부서 간의 수평적 협력보다는 수직적 지시명령과 보고체제에 익숙해 있다. 부하는 상관의 명령에 복종해야 하는 상명하복의 문화가 지배적이다. 권위주의 문화는 조직 내 질서와 규율을 중시한다. 이것은 법적 권위에 바탕을 두며 조직의 안정성을 보장한다. 지휘관과 상사의 정당한 명령에 대하여 부하는 이를 복종해야 한다. 그러나 부당하고 불법적인 명령까지도 복종해야 하는 것은 아니다. 계층은 장성, 영관, 위관, 부사관 그리고 사병 등으로 크게 구분되며, 이들은 각각 세부적인 계급으로 나뉘어있다. 지휘관은 의사결정권을 독점하고 책임을 가지며 지휘관의 결심을 보좌하기 위해 참모들을 둔다. 지휘관은 지휘권을 행사하면서 계층제의 정점에 서며, 그에게 권한과 책임이 집중된다. 지휘관은 차하위 지휘관에게 지휘권의 일부를 위임한다. 그리고 부지휘관은 드러나지 않게 지휘관을 보조한다. 부대에서는 많은 지시와 보고가 일상화되어 있다. 상관은 지시하고 부하는 지시사항과 관련된 보고를 한다. 하지만 의사소통은 상향적이라기보다는 하향적이다.

군대조직에 대한 특성을 중심으로 군대문화에 대한 부분을 살펴보는 것은 사실 군대를 어떻게 보느냐에 대한 시각에 따라 사람마다 다르게 해석될 수 있다. 이 장에서는 군대문화 중에서도 가장 유심히 살펴보고 인지하고 있어야 할 가부장적인 문화와 집단주의적 문화, 권위주의적 문화에 대해 살펴보았다. 전쟁에서 반드시 싸워 이길 수 있는 군대가 되기 위해 남성성으로 대표되는 가부정적 문화가 군대문화의 일부분을 차지하고 있는데, 이는 군대조직의 목적과 관련이 있었다. 군대조직은 전쟁과 전투를 수행하기 위한 조직이기 때문에 전투적 사고가 지배적이다. 전투적 사고는 전쟁의 수행과 관련하여 승패, 전투능력, 남성성을 강조하는 특성이 있기에 남성적인 이미지가 군에 지배적이었던 것은 사실이다. 하지만 이러한 남성성에 대한 강조가 심해져 남성 우월적인 문화까지 연계가 되면, 여군의 인력이 갈수록 늘어나는 현대 한국 군대에서는 큰 전투력 저하로 이어질 가능성이 높기 때문에, 새로운 시대의 군대문화에 대한 이해를 바탕으로 지휘관 및 참모 임무를 수행할 필요가 있다. 이것은 집단주의적이고 권위주의적인 군대문화 측면에서도 마찬가지다. 계급이 존재하고 전투를 기반으로 하는 임무 특성상 필요한 문화적인 부분이지만 이 역시 윤리적인 측면과 상충하게 되면 전투력 저하로 이어질 수 있기 때문에 어느 한쪽에 지나치게 치우쳐선 안 된다. 군대문화와 윤리라는 본 책의 취지에 맞게, 군 간부의 일원이라면 군대조직에 대한 특성을 바탕으로 군대문화를 잘 이해하고 '윤리'적 측면에서 문제가 없게끔 이해하고 판단할 수 있는 소양을 기를 필요가 있다.

전쟁과 윤리

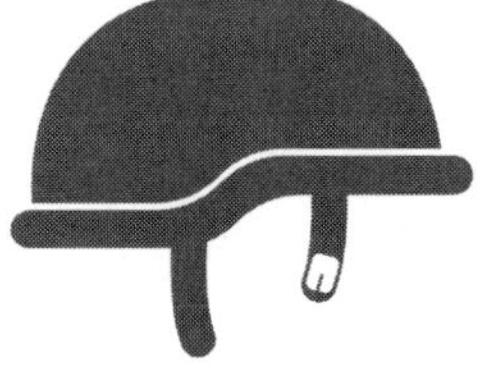

제1장 전쟁윤리에 대한 이해

1. 전쟁과 윤리의 관계

인류의 역사는 전쟁의 역사라고 해도 과언이 아니다. 인류는 국가를 이루기 전부터 부족 간의 전쟁을 했으며, 현대에도 크고 작은 분쟁이나 전쟁이 지속되고 있다. 하지만 전쟁과 도덕은 별개의 영역으로 간주되어 둘을 어떻게 연결시킬 것인가에 대한 철학적 고찰은 드물었다. 단지 몇몇의 철학자들만이 이 문제에 대해 논의하였다.[1]

가공할 파괴력을 지닌 원자탄과 수소탄의 등장은 전쟁과 도덕에 대한 관심을 유도하였으며, 1960년의 월남전은 미국

---

1 이민수, (1998),『전쟁과 윤리 : 도덕적 딜레마와 해결방안의 모색』. 철학과현실사, p.19.

중심의 철학자들에게 전쟁 도덕에 대한 논의를 불러일으켰다.[2]

전쟁윤리는 매우 포괄적이며 광범위하며, 전쟁이라는 특수한 상황을 다루기 때문에 일반적인 윤리와는 구분된다. 전쟁윤리는 응용윤리의 관점을 가진다. 전쟁이라는 것은 생사의 갈림길에 놓일 수 있는 극한의 상황이다. 일반윤리처럼 심사숙고하여 처리할 수 있는 상황이 아니며 긴박한 전쟁상황에서 빠른 판단과 악조건을 극복하면서 도덕적인 판단도 내려야한다. 그만큼 군인은 민첩하고 높은 수준의 도덕성이 요구된다.

전쟁윤리는 다음과 같은 면에서 중요하다. 첫째, 전시에 최소한의 인간으로서의 존엄성을 보장한다. 전쟁이 폭력의 행사가 허용되는 특수한 상황이지만, 무분별한 인간의 존엄성을 파괴하는 행위에 대해서는 전쟁윤리가 가이드라인을 제시하여 인간성 상실을 막을 수 있다.

둘째, 전쟁윤리는 전쟁이라는 극한의 상황에서 군인의 정체성에 대한 지침을 준다. 군인은 처절한 전쟁상황에 처하면 인간으로서의 정체성을 망각하고 오직 전투원이라는 정체성으로만 행동하게 된다. 그러나 전쟁윤리는 인간으로서의 정체성을 유지하면서 전투원의 의무를 수행할 것을 지속적으로

---

2 Richard Wasserstrom, (1969), "On the Morality of War: A Preliminary Inquiry", Stanford Law Review, Vol.1, p.1627.

확인시켜준다. 군인이라는 정체성만으로 오직 명령에 의해 행동하게 되면 자신이 행하고 있는 일이 윤리적으로 어긋나 있는지에 대한 기준이 정립되지 않는다. 이때 전쟁윤리는 인간으로의 도리에 어긋나지 않는 행동지침과 정체성을 부여하여 군인이자 인간으로의 정체성 확립에 도움을 준다.

셋째, 전쟁윤리는 역사의 교훈을 제시한다. 역사적으로 인류는 제1, 2차 세계대전이라는 거대한 전쟁을 경험하고 이에 수반하여 엄청난 인명 손실이 있었다. 제1차 세계대전의 경우, 약 3천 8백만 명의 군인, 민간 사상자가 발생하였고, 제 2차 세계대전은 약 5천 5백만 명의 사상자가 나왔다. 특히 제 2차 세계대전때는 나치 독일 자행한 유대인 학살로 600백만 여명의 사망자가 나왔다. 태평양 전쟁에서는 일본군의 무자비한 전쟁범죄로 수많은 민간인들이 학살당했으며, 유럽에서도 최근까지 인종청소란 끔찍한 전쟁범죄가 발생하여 다수의 무고한 민간인들이 피해를 받았다. 전쟁윤리는 인류에게 전쟁에서 발생할 수 있는 무고한 인명살상이 범죄행위라는 점을 각인시키고 교훈을 주는 역할을 한다. 이러한 자각이 없다면 인류는 다시 한번 엄청난 전쟁범죄를 일으킬 수 있기 때문에 전쟁윤리는 우리에게 인간으로서의 최소한의 도덕적 판단의 근거를 제시한다.[3]

---

3 조은영, 정은진, 김상수, 홍진혁, 조재현, (2017) 『사례중심 군대윤리』, 집문당. pp.81-84.

■제2차 세계대전 당시 아우슈비츠 수용소의 유대인 아이들•

어거스틴(St. Augustine)은 정의전쟁론(justice war)에 대해 최초로 논하였다. 즉 전쟁을 수행함에 있어 어떤 전쟁이 정당한 것인가에 대한 심도 있는 주장을 하였다. 그는 정당한 전쟁을 성전(聖戰)의 관점에서 논하였는데, 폭력의 사용이 정당화되는 경우는 폭력을 사용하여 하느님의 사랑이 실현될 수 있을 때뿐이다. 그는 자기방어나 이웃을 보호하기 위한 수단으로 폭력을 사용하는 것도 허용하지 않았지만 오직 종교적 관점에서 하느님의 자비와 사랑을 실천하기 위한 전쟁만을 정당하다고 인정하였다.[4] 어거스틴은 정의로운 전쟁의 기준을 다섯가지로 제시하였다.

(1) 정당한 의도 (right intentions), 즉 평화의 회복

---

4 Paul Christopher, The Ethics of War & Peace (Prentice-Hall Inc., 1994), p.57. ; Moral Dimensions of the Military Profession (American Heritage & Custom Press, 1997), pp.88-89.

• 출처 : 중앙일보 인터넷판, 검색일 : 2024년 6월 2일, https://www.joongang.co.kr/article/22480355#home

(2) 정의를 수호하고자 하는 정당한 명분(just cause), 가령 국가에 대한 침략이나 잘못에 대해 사과하지 않거나 혹은 허용된 통행의 거부와 같은 해악에 대한 보복에서 치러지는 전쟁은 정당화된다.

(3) 정당한 의향(just disposition), 즉 침략으로부터 희생자를 보호하고자 하는 기독교적 사랑.

(4) 정당한 주체(just auspices), 즉 전쟁은 통치권자의 권위 아래서만 치러져야 한다.

(5) 정당한 행위(just conduct of war).[5]

정당한 전쟁에 관한 어거스틴의 관점은 오늘날까지도 시사점을 준다. 하지만 그의 주장은 하느님의 사랑을 실현한다는 명분으로 치러진 수많은 종교전쟁을 모두 정의로운 전쟁으로 만들 수 있기 때문에 문제점을 가지고 있다. 어거스틴 이후 토마스 아퀴나스(Thomas Aquinas)는 전통적인 정의전쟁론의 기준을 확립하였다. 그는 정당한 전쟁의 원칙들을 다음과 같이 제시하였다. 첫째, 합법적 권위를 가지고 선포(declation by legitimate authority), 둘째, 정당한 명분(just cause), 셋째, 정당한 의도 또는 정당한 수단과 방법에 의한 전쟁(just intention, just means)의 원칙이다.

아퀴나스는 합법적 권위를 중시하였는데 이는 합법적 권

5 Moral Dimensions of the Military Profession (American Heritage & Custom Press, 1997), p.88.

위를 가진자가 행하는 전쟁은 공공의 복지를 도모한다고 믿었기 때문이다.[6]

전쟁과 도덕은 얼핏보면 전혀 상관관계가 없는 것처럼 보인다. 군인은 전쟁 상황에서 승리를 위하여 싸우는데 이때 도덕이라는 개념은 일반적으로 고려대상이 아니다. 과거에 군인들이 전쟁에서 도덕, 윤리를 생각하는 것은 군인답지 못하다고 여겨졌다. 전쟁의 승리가 최고의 가치로 여겨지며, 전쟁에서는 과정보다는 결과가 더 중요하다고 인식되었다. 군인은 군인정신을 발현해야 하며, 군인정신은『군인복무규율』(2007. 9 개정판)에서 전쟁의 승패를 좌우하는 필수적인 요소로 간주된다. 군인정신은 명예를 바탕으로 하고 명예는 곧 도덕이다.

전쟁과 도덕의 문제가 중요한 이유는 현행 『군인복무규율』, '제10조의 2항'에서 전쟁법 준수의 의무를 두고 있기 때문이다. 해당 조항에는 ① 군인은 전쟁법을 준수하여야 한다. ② 지휘관은 예하 장병들에게 전쟁법 준수를 위한 교육을 시킬 책무가 있다. [본조신설 1998. 12. 31] 내용이 있다.

군인은 왜 전쟁법을 준수해야 하는 가에 대한 물음에 대한 해답을 찾는 과정이 전쟁과 도덕의 연관성을 찾는 과정이다.[7] 전쟁 지휘관은 전 · 평시에 전쟁법을 교육, 보급, 전파 및 훈련

6 이민수, 앞의 책, pp.24-25.

7 조승옥, 이택호, 박연수, 조은영, 정은진 (2010) 『군대윤리』, 집문당. pp.27-29.

할 책임이 있다. 제네바 협약에 따르면 체약당사국 및 충돌당사국의 군지휘관은 협약을 준수해야 하며 이를 교육시켜야 한다.[8]

전쟁도덕은 전쟁을 시작할 때 정당한 명분을 가졌는가에 관한 논의이다.

전쟁도덕은 정당한 전쟁과 부당한 전쟁을 구분하는 기준이 된다. 도덕적 이상주의자인 임마누엘 칸트는 전쟁을 절대악(absolute evil)으로 보았다. 그는 전쟁은 군인이 폭력을 사용하여 살상과 파괴를 하기 때문에 의무론적 윤리설의 관점에서는 옳지 못하다고 여겼다. 하지만 전쟁이 절대악으로 간주되더라도 더 큰 폭력과 살상을 제거하기 위한 수단으로 작은 악을 사용하는 것은 정당하는 것이 전쟁도덕, 그 중 정당한 전쟁의 논의이다.[9] 즉 불의를 응징하기 위해 일으킨 전쟁

■임마누엘 칸트(1724–1804)•

8 위의 책, pp.69–70.

9 위의 책, 2013, p.37.

• 출처 : World History Encyclopedia, 검색일 : 2024년 6월 2일, https://www.worldhistory.org/image/18360/immanuel-kant-1768/

을 부당한 전쟁이라고 평가하기는 어렵다. 예를 들어, 학살을 자행하거나 부당하게 영토를 침탈한 국가에 대한 응징 차원과 더 많은 학살을 방지하기 위해 일으킨 전쟁은 정당한 전쟁이라는 평가가 있다. 이는 의무론적 윤리설의 관점이 아닌, 목적론적 윤리설로 바라봐야 한다.

전쟁과 도덕의 관계에 대해 논하는 것은 바람직하지 않는 것으로 여겨졌다. 과거에 군인들이 전쟁에서 도덕, 윤리를 논하는 것은 군인답지 못한 발상이라고 여겨졌다. 전투 중에 생존의 갈림길에서 도덕을 논하는 것은 비현실적이며, 전쟁에서의 승리가 최고의 가치로 인식되는데 도덕의 설자리는 없었다.[10] 윤리학의 판단 기준에는 크게 두 가지 측면이 있다. 첫째는 의무론적 윤리설이며, 둘째는 목적론적 윤리설이다. 의무론적 윤리설은 행위 자체가 옳은가 그른가가 판단근거가 된다. 살인, 거짓말, 도둑질은 행위 자체가 잘못된 것이기에 옳지 못한 행위가 된다. 반면 목적론적 윤리설은 행위 자체보다는 행위의 결과를 판단 근거로 둔다. 결과가 좋으면 수단은 정당화되는 견해이다. 사회의 구성원에게 좋은 결과가 생긴다면, 거짓말은 옳다는 견해이다.[11] 전쟁은 군인에게 다양한 도덕적 문제를 야기시킨다. 전쟁에 승리하기 위해서는 어떠한 수단과 방법을 동원해도 정당화되는가? 목적론적 윤리설

---

10 조승옥, 이택호, 박연수, 조은영, 정은진, 앞의 책, p.27.

11 이선필, (2016), "현대 윤리설의 문제점 해소를 위한 플라톤 윤리설의 적용 가능성 연구", 『윤리교육연구』, 제39집, p.220.

의 관점에서 보면, 전쟁의 승리라는 결과가 좋으면 전쟁 중에 비인도적 행위도 정당화될 수 있다. 하지만, 목적론적 윤리설의 관점에서 보더라도 전쟁을 수행하는 군인의 모든 행위가 정당화되지는 않는다. 전투 중의 군인도 도덕적 평가 기준에 따라 행동해야 한다.

전쟁에서 승리하기 위해 공격해 오는 적군을 사살한 군인은 살인죄를 범하지 않은 것이지만, 무고한 비전투원들을 사살하는 것은 명백한 살인행위에 해당한다.

전쟁을 수행하는 군인은 목적론적 관점에서 전쟁의 승리라는 결과(목적)를 위해 살인행위도 용납이 되지만, 전쟁범죄에 관한 전투원의 도덕행위는 의무론적 윤리설에 더 근접한다. 즉 국가에 해가 되는 적군의 행위에 대해서는 전쟁승리(결과)를 위해 살인이라는 수단을 사용할 수 있지만(목적론적 윤리설), 무고한 양민에 대한 공격행위는 살인이라는 행위 자체가 옳지 않기에 엄격히 금지된다(의무론적 윤리설).

전쟁에 관한 도덕적 논의는 전쟁도덕(morality of war)과 전시도덕(morality in war)으로 나뉜다.[12] 전쟁도덕은 전쟁을 일으키는 것이 정당한 가에 관한 논의이다.

전쟁에는 정당한 전쟁과 부당한 전쟁이 있으며, 전쟁을 일으키는 행위 자체에 대한 옳고 그름을 따지는 것이다. 일반적으로 전쟁은 인명살상을 수반하기에 의무론적 윤리설의 관점

---

12 조승옥, 이택호, 박연수, 조은영, 정은진, 앞의 책, pp.36-37.

으로 보면, 옳지 못한 행위로 간주된다. 칸트(Imanuel Kant)는 전쟁을 절대악(absolute evil)으로 여겼다. 하지만 더 큰 폭력과 살상이 발생할 것(큰 악)에 대한 반응으로 작은 악을 사용하는 것은 정당하다는 논리가 전쟁도덕의 원리이다.

이와 같은 논리로 방어를 위한 수단으로 사용되는 전쟁은 정당한 전쟁으로 인식된다. 그렇다면 먼저 전쟁을 일으키는 경우는 어떠한가? 정당한 명분이 있으면 먼저 공격하더라도 정당한 것으로 인정된다. 하지만, 여기에도 과연 정당한 명분이 무엇인가에 대한 의문이 생기게 된다. 러시아의 우크라이나 침공으로 시작된 러-우전쟁도 러시아는 우크라이나 동부의 친러시아계 자치지역의 해방을 위한 명분으로 전쟁을 일으켰고, 우크라이나는 분리독립을 저지하기 위해 군사작전을 펼쳤으나, 러시아는 이를 탄압이라고 주장하고 있다. 이스라엘-하마스 분쟁의 경우도, 무장정파인 하마스가 이스라엘에 대한 기습적인 테러행위가 촉발원인이 되어 이스라엘이 하마스에 대한 군사작전이 시작되었는데, 하마스의 입장에서는 팔레스타인이 이스라엘 민족에게 영토를 빼앗겼고, 탄압을 받았기에 이에 대한 보복은 정당하다는 입장에서 테러행위를 자행하는 것으로, 개별 국가들은 각각 정당한 전쟁이라는 명분을 내세우고 있는 것이다.

이렇듯 전쟁도덕에 관해서는 국가마다, 정치적 입장에 따라 다른 해석이 발생하게 마련이다. 하지만, 정당한 전쟁과 부

■이스라엘-하마스 분쟁•

당한 전쟁을 나누는 기준에는 몇 가지가 있다. 첫째, 정당한 명분(just cause)이 있어야 한다. 정당한 전쟁의 명분은 중세 시대 십자군 원정에서 논의가 시작되었다. 전쟁을 하는 이유가 타당해야 한다는 것으로 사회적 가치의 보호가 전제되어야한다. 즉 적의 공격으로부터 국민의 생명과 재산을 보호하는 것이나, 인권을 보호하기 위해 일으키는 전쟁은 정당성을 갖게 된다. 또한 침해된 주권, 대의명분이 있을 시에도 전쟁은 정당화된다. 둘째, 합법적 권위(competent authority)가 있어야 한다. 국가로부터 통치권을 위임받은 합법적 행위자가 전쟁을 수행해야 한다는 것이다. 예를 들면 국가의 통제를 받는 정규군은 합법적 권위를 가졌지만, 기타 집단(해방군, 군벌조직, 테러조직)이 수행하는 전쟁은 정당한 전쟁이 아니다. 셋째, 비례적 정의(comparative justice)가 있어야 한다. 전쟁 중에 발생하는 정의와 불의 중에서 정의가 더 커야 한다는 것이

• 출처 : BBC NEWS 코리아, 검색일 : 2024년 6월 2일, https://www.bbc.com/korean/news-67044615

다. 즉 전쟁을 통해 얻는 이익이 손실보다 커야 한다. 전쟁을 통해 더 많은 손실을 얻게 되면 정당한 전쟁이 아니다. 예를 들어, 전투에서 승리를 하였으나 국민이 큰 희생을 입었거나, 국가의 자원이 완전히 소모되었다면 정당한 전쟁으로 보기 어렵다. 이 원칙은 전쟁을 시작하기 전 전쟁에서 얻을 수 있는 경제적 이득과 효율성이 전쟁 수행의 판단 근거가 된다.[13]

넷째, 정당한 의도(right intention)가 있어야 한다. 전쟁에서 정당한 명분이 있어야 하며, 숨은 불순한 의도나 동기가 있어선 안된다. 전쟁의 명분이 전쟁의 종식, 평화유지라면 정당한 전쟁으로 간주되지만, 영토확장, 상대국 국민에 대한 말살, 위협 등의 목적을 지닌 전쟁은 부당한 것으로 간주된다. 또한 표면적인 명분이 정당해보여도 그 속에 숨은 의도가 있는 경우도 정당한 전쟁으로 보기 어렵다.

다섯째, 전쟁은 최후의 수단(last resort)라는 것이다. 전쟁 이외에 외교적인 수단인 협상, 중재 등의 방법이 있을 경우, 전쟁은 부당한 것이 된다. 반면, 전쟁 이외에 어떠한 수단이 없을 경우에는 전쟁은 정당성을 인정받는다.[14]

5가지 전쟁에 관한 정당성 논의는 핵무기나 생화학 무기가 사용될 수 있는 현대 전쟁에 적용해보면 엄청난 대량 인

---

13 선우현, (2016), "정의로운 전쟁과 두 차원의 정의 : 정의로운 전쟁의 규범적 정당화 가능성 및 현실화 가능성과 관련된 몇 가지 쟁점과 문제를 중심으로", 『사회와 철학』, 제32집, p.170.

14 James F. Childeress, (1980), Just War Criteria in War or Peace, ed. by Thomas A. Shannon(New York: n.p., p.41.

명 살상을 초래하기 때문에 정당한 전쟁의 범주로 분류되어선 안된다.[15]

즉 전쟁 도덕이 추구하는 것은 정당한 전쟁을 논하여 전쟁에 대한 명분을 심어주는 것이 아닌 평화를 위한 도덕이 되어야 한다.

전쟁도덕과 전시도덕이 정의로운 전쟁과 군인의 전투수행중의 행동지침이라면, 최근에 전후도덕이라는 문제가 제기되었다.[16] 오렌도(Brian Orend)[17]가 미국의 걸프전과 코소보 사태의 전후 처리과정의 문제점에 대해 언급하면서 전후도덕을 발전시켰다. 전쟁전에 정당한 전쟁으로 판명받고 (정의전쟁론), 전쟁 중에 전시도덕을 준수하였다고 하더라도, 전후에 처리과정에서 윤리적 문제가 자행된다면 이는 전후도덕에서 문제가 되는 것이다. 전쟁을 승리로 이끈 이후 전후처리는 중요한 문제이며, 안정화 작전을 함에 있어 도덕적 측면을 고려해야 한다.

전후도덕에서 고려해야 할 사항은 다음과 같다.

① **전쟁 종식의 정당한 의도와 이유** : 전쟁을 합리적인 절차로 마무리하며, 최초에 전쟁을 유발한 침략

---

15 선우현, 앞의 글, p.170.

16 김형구, (2011), "현행 공전법규체제와 전쟁법의 기본원칙의 적용", 『인도법논총』, 제31호, p.145.

17 Brian Orend, "Jus Post Bellum", Journal of Social Philosophy, vol.31, No.1, Spring 2000. 117-137.

국가에 취득한 부당한 이익을 포기시키고 피해국의 권리가 구제되도록 해야 한다.

② **공정한 전쟁범죄의 처벌** : 전시에 발생한 전쟁범죄에 대해서 승전국가 패전국이 동등한 위치에서 조사가 진행되어야 하며, 전쟁법에 의거하여 법의 심판을 받아야 한다.

③ **패전국 국민의 민심 안정의 도덕적 의무** : 승전국은 패전국 국민의 존엄성과 권리를 보장해야 한다.

④ **전쟁의 피해에 대한 비례적 보상** : 침략국이 끼친 손실에 대한 합리적인 보상이 이루어져야 하며, 침략국에 대한 과도한 처벌이나 제재는 없어야 한다.

⑤ **적법한 권위에 의한 전쟁 종식 선언** : 전쟁 종식은 국제사회에서 인정하는 주체(정부, 국제기구 등)에 의해 공식적으로 선언되어야 한다.[18]

2. 전쟁윤리의 적용과 실제

1) 군인의 도덕적 문제

전쟁도덕이 전쟁을 일으킬 때 고려해야 할 정당성의 문제라면, 전시도덕은 전투수행 중인 군인들과 관련된 도덕적 측면의 문제이다.[19] 전쟁도덕의 측면에서 정당한 전쟁이라 여겨

---

18 조은영, 정은진, 김상수, 홍진혁, 조재현, 앞의 책, pp.88-90.

19 이민수, (1998), 『전쟁과 윤리 : 도덕적 딜레마와 해결 방안의 모색』, (서울 : 철학과현실사), p.30.

지는 전쟁에 참여한다고 하더라도, 군인이 직접 수행하는 전투에서 발생하는 도덕성에 판단은 전시도덕으로 해야 한다. 이는 의무론적 윤리설의 관점에서 봐야 하는 것이다. 정의나 선을 실현하기 위해 필요악인 전쟁을 하더라도 전쟁법이 존재하는데 이는 운동경기와 같이 일정한 규칙을 지키는 것과 같다. 신사도의 정신과 페어플레이의 정신으로 살상을 자행하더라도, 주어진 규칙을 지키는 선에서 전투에 임해야 한다. 이러한 것이 전시도덕의 핵심이다.[20] 군인은 전쟁에서 승리하기 위해 군인정신을 지녀야 한다. 하지만 군인도 지켜야 하는 규칙(법)이 존재한다. 그 법은 헤이그법과 제네바법이다. 헤이그법은 교전 당사자들(군인들) 사이에 지켜야 하는 해적행위의 무제한 사용을 금지하는 규정이다. 즉 무차별적인 대량살상을 가능케 하는 핵무기나 화생방무기의 사용이 금지된다. 제네바법은 비전투원(민간인, 부상자, 포로, 적십자 요원, 종군기자 등)을 보호하는 인도주의 원칙이다. 위와 같은 두 가지법의 원칙들은 반드시 준수해야 한다.[21] 전투를 수행하고 있는 군인에게 전투행위의 면죄부를 주는 원칙이 있지만, 한계도 분명하게 존재한다. 전시도덕의 기준이 되는 전시인도법 혹은 국제법을 살펴보면, 전시도덕은 전쟁을 수행하는 군인에게 발생하는 도덕적 문제를 다루는데 전시인도법이 윤

---

20 조승옥, 이택호, 박연수, 조은영, 정은진, 앞의 책, p.41.

21 최영진, (2019), "국제법상 전시 민간인 보호에 관한 연구", 『강원법학』, 제57권, pp.287-318. p.290.

리적 기준이 된다.[22] 전시도덕은 전쟁 중에 발생하는 전투원(군인)의 도덕적 문제에 관한 것이다. 즉 어떻게 전투를 수행해야 하는가에 관한 전술, 행위, 전략 등 도덕과 관련된 사안이다. 전쟁 자체가 인명살상을 수반하기 때문에 군인은 의무론적 윤리설의 측면에서 보면 부도덕한 사람이 될 수도 있다. 하지만, 목적론적 윤리설의 관점에서 보면 군인의 전투행위는 정당성을 갖게 된다. 하지만, 모든 행위가 정당화 될 수는 없으며, 이때 적용되는 것이 전시도덕이다. 전시도덕은 의무론적 관점으로 봐야 한다. 전투 중인 군인의 행위에는 특수성이 내포되어 있다.전쟁은 군인의 작전수행에 일정 부분의 정당성을 부여하고 법률적이고 도덕적인 측면의 제약에서 일정 부분 자유롭게 해준다. 하지만, 이러한 행위의 정당성도 전쟁법의 테두리 안에서만 인정이 된다. 만약 전쟁법의 테두리 밖의 행동을 할 경우 전쟁범죄로 간주되어 처벌을 받게 된다.[23] 전투 중인 군인이라도 준수해야 하는 전시인도법 혹은 국제법의 기본 원칙을 알아보자.[24] 전시인도법의 도덕적 원리에서 하틀(Anthony Hartle)은 현행 국제법의 전쟁규칙들은 인도주의적 원리를 지닌다고 주장한다. 그러한 원리들은 첫째, 각 개인은 인간적으로 존중된다. 둘째, 인간의 고통은 최소화되

22 이민수, (1998), 『전쟁과 윤리 : 도덕적 딜레마와 해결방안의 모색』. 철학과현실사, pp.30-31.

23 조승옥, 이택호, 박연수, 조은영, 정은진, 앞의 책, pp.37-42.

24 이민수, 앞의 책, pp.30-31.

어야 한다는 것이다. 첫 번째 원리는 의무 혹은 법칙론적 윤리설이며, 두 번째 원칙은 공리주의적 해석에 기초한다. 전쟁의 규칙 안에서 첫 번째 원리가 두 번째 원리보다 우선시 된다.

제네바법은 '보호받을 인원들'을 설정하고 있는데 그들은 아래와 같다.

1. 부상자, 병자, 조난자 치료
2. 전쟁포로 취급
3. 비전투원 보호
4. 점령지 주민에 대한 대우[25]

전시 인도법 또는 국제법에 명시된 현대 전쟁법에는 몇 가지 인도주의적 원칙들이 있다. 첫째, 불필요한 고통금지의 원칙이다. 이는 전쟁목적 달성에 필요한 행위 이외의 교전 당사자에 대한 불필요한 고통이나 상해 행위를 금지하는 것이다. 즉 항복한 병사에 대한 살상 및 교전 당사자에 대한 불필요한 고통을 주는 무기 사용을 금지하는 것이다. 1980년의 '특정 재래식 무기사용의 금지 또는 제한에 관한 협약 및 의정서'가 대표적인 사례이다. 둘째, 전투원과 민간인의 구별원칙이다. 전쟁에서 교전당사자인 전투원에 대해서만 전투행위가 허용되며, 민간인에 대한 공격행위는 금지한다는 원칙이다. 전쟁의 목표는 적의 군사력의 약화이다. 따라서 방어준비가 되어 있

25 조승옥, 이택호, 박연수, 조은영, 정은진, 앞의 책, pp.70-71.

지 않는 지역이나 건물에 대해서는 공격을 해선 안되며, 이 지역에 공격을 할 경우, 사전에 경고를 해야 한다. 하지만, 전쟁 승리를 위해 군사적 필요가 있을 경우, 민간인에 대한 무력사용도 일부 허용된다. 셋째, 비례성의 원칙이다. 이는 전쟁에 투입되는 군사력의 양이 군사적 목표에 비례적으로 대응해야 한다는 것이다. 비례성을 벗어난 군사력의 사용은 금지되는데 이 원칙은 불필요한 고통금지의 원칙과도 연관성이 있다. 또한 이 원칙은 전투원과 민간인의 구별 원칙과도 연관된다. 넷째, 인도주의 원칙이다. 이는 전쟁 간에 목표 달성을 위해 필요하지 않은 폭력을 사용하는 것을 금지하는 것이다. 구체적으로 전투수행 간 특정인(포로, 조난자, 적국에 억류된 민간인, 부상병), 특정시설(교회, 병원, 문화재 등)에 대한 공격 금지와 특정무기 사용제한이 있다. 이는 불필요한 고통금지 원칙, 전투원과 민간인의 구별원칙과 연관된다. 다섯째, 군사필요의 원칙이다. 이는 국제법에 의해 금지되지 않는 범위 내에서 최소한의 자원(인적,물적)을 사용하여 적을 제압하는 경우의 군사력은 정당화된다는 원칙이다. 여섯째, 기사도의 원칙이다. 이는 전쟁 수행 간 불명예스러운 수단이나 방법을 사용하지 않는 것을 뜻한다. 중세시대의 기사도에서 유래한 원칙으로, 전투를 수행함에 있어, 널리 통용되는 전쟁방식과 상대에 대한 신사적인 태도로 전투에 임하는 것이다.

일곱째, 환경보전의 원칙이다. 이는 전투수행 시 자연환경에 대한 극심한 손상을 야기하는 의도를 가지고 있거나 예상되는 전투수행 방식과 수단을 금지하는 것이다. 즉 전투원과 민간인이 전쟁에 따른 공격에 아닌 환경파괴로 인해 겪게 되는 고통이나 이익 침해 등이 해당된다.[26]

생각해보기

1. 정의로운 전쟁은 승자 혹은 공격하는 자의 명분을 제공하기 위한 명분인가? 혹은 실제하는 개념인가?
2. 전쟁윤리가 전시에 최소한의 인간으로서의 존엄성을 보장하고 인간성 상실을 막을 수 있다는 전제는 옳은가?
3. 국가에 의해서 이른바 '정의롭지 못한 전쟁'에 참여하는 군인은 어떠한 선택을 해야 하는가?

26 김형구, (2011), "현행 공전법규체제와 전쟁법의 기본원칙의 적용", 『인도법논총』, 제31호, p.62-67.

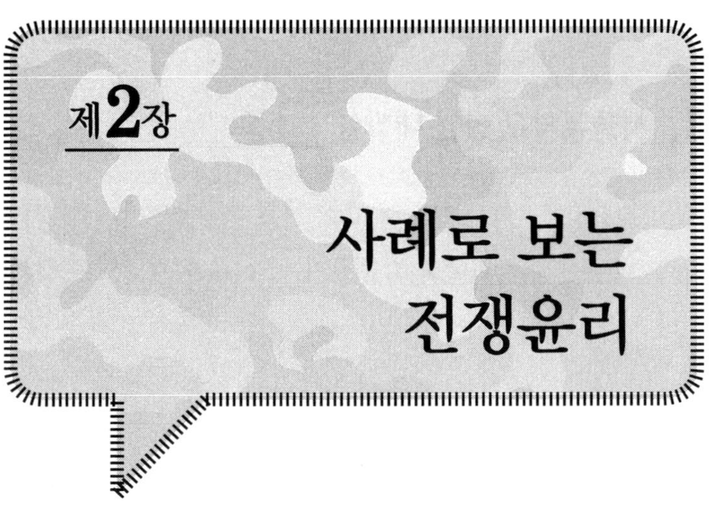

제2장 사례로 보는 전쟁윤리

1950년 6월 25일 새벽에 북한군이 38선 전역에 걸쳐 불법 남침함으로써 일어난 전쟁인 6.25전쟁은 민족상잔의 비극임과 동시에 우리가 잊어선 안되는 현대사의 가장 중요한 한 획을 긋는 사건이라 할 수 있다. 이번 절에서는 전쟁윤리의 관점에서 6.25 전쟁 당시 있었던 대표적인 2가지 사례를 살펴봄으로써 윤리적 관점으로 전쟁을 바라보는 식견과 판단력을 기르는 것을 목표로 한다.

1. 서울대학교 병원 대학살[27]

1950년 6월 28일 0시경 인민군 탱크 8대가 미아리를 넘어왔다. 육군본부 작전국장 강문봉이 이 사실을 채병덕 총참모장에게 보고하자 그는 한강인도교 폭파를 명령하고 육군본부를 시흥으로 철수시켰다. 02시 30분쯤 밤하늘에 불꽃을 일으키며 인도교가 폭파되었다. 150만 명 서울 시민은 공산 치하에 그대로 갇히고 말았다. 국군은 쇄도하는 인민군을 맞아 축차 투입되면서 방어선을 폈지만 중과부족으로 후퇴를 거듭했다. 탱크에 의해 전선이 돌파 당하면서 많은 사상자가 발생했다.

탱크부대 뒤를 따라서 서울로 들어온 인민군은 주요 시설물을 장악해 나갔는데 서울대병원도 그 중의 한 곳이었다. 서울대병원 경비를서던 국군 1개 소대 병력은 뒷산으로 올라가 인민군과 맞서 싸웠다. 하지만 모두 전사하고 말았다. 얼마 후 사이드카를 탄 인민군이 서울대병원 보초병을 사살하고 병원으로 들어갔다. 당시 서울대병원에는 국군 부상병과 일반 환자 700여 명이 있었다. 병원 관계자는 의사와 간호사 그리고 걸을 수 있는 국군 부상병들을 지하실로 대피시켰다. 그러나 지하실에 있던 사람들은 곧 끌려 나왔다.

그때 서울대병원 의사 중의 한 사람인 어떤 의사가 나타나

---

27 6.25 전쟁의 세부적인 사례와 관련된 부분은 다음을 참조. 박양호, 『한국전쟁의 실상과 학도병 이야기』(서울: 도서출판 화남, 2009), 노병천, 『이것이 한국전쟁이다』(서울: 21세기군사연구소, 2000).

'나는 인민군이다. 인민군 전우들이 많이 다쳤으니 열심히 도와달라'며 다른 의사와 간호사들한테 말했다. 그는 의사이면서 남로당원이었던 것이다. 인민군 군의관이 병원으로 들어오자 그 좌익 의사가 악수를 청했다. 인민군 군의관은 서울대 의과대학 교수로 일하다가 월북한 사람이었다. 서울대 의과대학 좌익계열 학생들이 어느새 붉은 완장을 차고 나타나 인민군 군의관을 환영했다. 그들도 남로당원이었다. 인민군 부상병들이 병원으로 실려 오기 시작했다. 이로써 민간인 환자, 국군 부상병, 인민군 부상병이 병실에 같이 누워 있게 되었다. 환자가 많아서 병실 바닥과 복도에도 빼곡이 차 있었다. 서울대병원 제1, 제2병동에 국군 부상병이 많았다. 처음에 인민군들은 국군 부상병이 병원에 있는 줄을 몰랐다.

그런데 인민군 한 명이 국군 부상병에게 어느 부대에서 왔냐고 물었다. 인민군은 국군 부상병이 대답을 잘 못하고 어물거리자 군복이 다른 것을 발견하고 기관총을 쏘았다. 잠시 후 인민군이 부상병들에게 총을 난사했다. 경상을 입은 국군 부상병들이 집기와 의자를 쌓아놓고 대항했다. 그러나 인민군이 무차별로 사격을 하자 당해내지 못하고 환자들과 부상병이 도망쳤다. 한순간에 벌어진 일이었다. 부상병들은 민간인 옷으로 바꿔 입고 뛰어나갔다. 그러나 환자와 부상병들이 인민군을 따돌릴 수는 없었다. 인민군은 끝까지 쫓아가서 총을 쏘았다. 이 과정에서 민간인 환자들이 많이 사망했다. 도망가던 환자들도 붙잡히기만 하면 무조건 사살되었다.

이날 13시경에 인민군들이 민간인 중환자와 부상병들을 무료진료소로 끌고 갔다. 그리고는 곧 총을 쏘았다. 총을 맞고도 숨이 끊어지지 않은 사람들은 발로 목을 누르거나 돌로 머리를 내리찍었다. 한 부상병이 죽지 않고 숨을 헐떡거리자 트럭을 몰고 가서 시체더미 위로 지나갔다. 병원 구석구석을 수색하던 인민군들은 지하실에서 간호사와 의사, 그리고 부상병들을 끌고 나왔다. 인민군들은 그들을 나무 밑에 세워놓고 총을 쏘아 사살했다. 환자들을 석탄저장고로 끌고 가서 옷을 벗기고 석탄을 퍼부어 질식사시키기도 했다. 그런 와중에 국군 부상병 두 명은 어느 간호사의 목숨을 건 도움으로 사복을 얻어 입고 지하 보일러로 내려가 하수구를 통해 탈출했다. 식당에서 근무하는 어떤 병원 직원은 부상자와 환자를 숲속으로 데려다 주다가 발각되어 목숨을 잃었다.

대학살이 끝나자 인민군은 서울대병원을 인민군 치료소로 사용하기 시작했다. 그런데 시체를 그대로 방치해서 한 여름에 썩는 냄새가 인근에 진동했다. 인민군은 7월 중순경에 창경원 앞과 혜화동로터리 근처 아스팔트 위에다 수백 구의 시체를 옮겨놓고 휘발유를 뿌리고 불을 질렀다. 1950년 9월 28일 서울이 수복되었을 때 미 제 5항공단이 서울대병원으로 들어갔다. 미군들은 석탄저장서와 간호전문학교 앞 소나무숲에서 많은 시체를 발견하고 뒤처리를 잘 해주었다.

■서울대학교 병원 위령탑

 **생각해보기**

제네바협약 제12조에 '전지(戰地)에 있는 군대의 부상자 및 병자의 상태 개선에 관한 조약'이 명시되어 있다. 따라서 적군이라 할지라도 전지에서의 부상자와 병사자는 보호하도록 규정하고 있다.

1. 전쟁윤리의 측면에서 '서울대 대학살 사건'에 대해 느낀 점 발표하기.

2. 윤리학의 원리적 측면에서 설명이 가능한 사건인지 판단해보기.

2. 노근리 양민학살 사건

AP(Associated Press)통신은 1999년 9월 30일, '노근리의 다리'라는 제목으로 한국전쟁 당시 미군이 자행한 충격적인 양민학살 내용을 보도하였다. 이 보도에 따르면 한국전쟁 당시 미군이 충북 영동군에서 피란길에 오른 양민 수백 명을 비행기 기총소사 등으로 살해하였다는 것이며, 이는 최근에 비밀이 해제된 미국 공군보고서와 미 제1기병사단, 미 제25사단 사령부의 명령서 등 미군 공식문건과 참전 미군의 증언 등으로 사실로 확인되었다고 하였다. AP통신이 보도하고 있는 내용의 요지를 추려보면 다음과 같다.

> "1950년 7월 26일 미군이 충북 영동군 황간면 노근리 경부선 철로 위에서 피란 중이던 영동읍 주곡-임계리 주민들을 전투기에서 총을 쏘아 사살하였다. 피란민들이 철로 밑으로 피신하자 제1기병사단 7연대 장병들이 뒤쫓아가 계속 사살하였다. 당시 희생된 사람들은 대부분 노인, 부녀자, 어린이들이었다…"

■노근리 평화공원 내 평화기념관

생각해보기

노근리 양민학살사건에 대해 조사하기.

1. 미군의 입장에서 윤리적으로 합리적인 선택이었을까?

2. 국군의 입장에서는 어떻게 반응을 했어야 할까?

다른 사례에 대해서도 조사해보자

전쟁윤리와 관련된 여러 사례에 대해 조사하여 발표하기.

참고문헌

권혁철, 『경쟁가치모형을 적용한 한국군 조직문화 차이에 관한 실증적 연구』, (서울: 한성대학교, 2013).

김동근(2010). “자유민주주의의 한계와 가망성”, 『윤리교육연구』, 23, 203-220.

김선애, “MZ세대의 직업문화”, 『전북 이슈&트렌드』(2021), pp.14~19.

김인춘(2022). 『자유민주주의, 사회민주주의, 시민민주주의 : 스웨덴 · 네덜란드의 경험과 한국사회』, 백산서당.

김진균(1981). “산업민주주의 : 그 배경과 몇 가지 기본적 명제에 관하여”, 『사회과학과 정책연구』, 제3권 2호, pp.269-290.

김진만 · 박균열, 『군대와 윤리』(서울: 양서각, 2018).

김창수, “현대사회의 특성과 관광의 관계 연구”, 『관광정책학연구』(1997), pp.7~30.

남상우, “문화의 이해”, 『우리체육』(2018), pp.35~39.

두산백과 https://terms.naver.com/entry.naver?docId=3552033&cid=40942&categoryId=31531

두산백과 https://terms.naver.com/entry.naver?docId=6468736&cid=40942&categoryId=31532

민 진, “군대조직문화 특성의 도출과 분석”, 『한국조직학회보』(2011), pp.91~121.

박균열 · 박재주 · 김진만 · 윤영돈 · 윤경호 · 조홍제 · 이인재 · 김대군(2008). 『국가안보와 군대윤리』, 한국학술정보(주)

박승위, “현대사회의 구조적 특성과 인간소외 – 대중사회적 상황과 관련하여 –”, 『영남지역발전연구』(1990), pp.165~177.

박정순, “현대사회의 도덕적 위기와 덕의 윤리의 부활”, 『철학과현실』 (1991), pp.343~349.

박현주 · 김미예, “윤리적 딜레마에 대한 개념 분석”, 『간호행정학회지』 (2005), pp.185~194.

송영배, “현대사회의 불안요인과 유교적 윤리관의 의미”, 『한국실학학회』 (2001), pp.1~22.

신국원, “문화란 무엇인가?”, 『신학지남』 (2001), pp.342~371.

신미애 · 김의식, “군대조직문화 개선방안 연구 – 군 기강 확립방안을 중심으로 –”, 『한국군사학논총』 (2021), pp.117~135.

심재광, “한국군에 적합한 군대윤리의 조건에 관한 연구”, 『한국군사학논집』 (2017), pp.1~25.

앤드류 헤이우드(2014). 『사회사상과 정치 이데올로기』, 도서출판 오름.

양정윤, “MZ세대 특성이 욕구해결과 자기만족에 미치는 영향”, 『관광레저연구』 (2022), pp.145~159.

유정균, “MZ세대를 들여다보다”, 『이슈&진단, 경기연구원』 (2021).

유태용, 『문화란 무엇인가』 (서울: 학연문화사, 1999).

이동훈, “한국 군대문화 연구”, 『한국사회학』 (1995), pp.171~198.

이동흔, 『군대문화의 남성중심성과 兩性平等教育』, (서울: 연세대학교, 2002)

이민수(1998). 『전쟁과 윤리 : 도덕적 딜레마와 해결 방안의 모색』, (서울 : 철학과현실사).

이상형, “생물학적 인간 vs. 윤리적 인간”, 『동서철학연구』 (2018), pp.461~490.

이장희(2018). “민주주의의 의미와 본질에 대한 고찰: 대의민주주의와 참여민주주의-심의민주주의의 관계를 중심으로”, 『헌법논총』 제29권. pp.447-492.

장나연 등 3명, "MZ세대의 자기애성향, SNS 이용동기, 과시적 여가소비의 관계", 『한국여가레크리에이션학회지』 (2022), pp.53~64.

정원규, "현대사회와 윤리개념의 분화", 『철학연구』 (2002), pp.253~272.

조승옥 · 이택호 · 박연수 · 조은영 · 정은진(2010) 『군대윤리』, 집문당.

조승옥 · 이택호 · 박연수 · 조은영 · 정은진(2013), 『군대윤리』, 지문당.

조우현(1995). 『세계의 노동자 경영참가 : 참여의 산업민주주의를 위하여』 창작과 비평사.

조은영 외(2017). 『사례중심 군대윤리』, 집문당.

조현봉, "현대사회의 직업관과 직업윤리 - 윤리문화적 접근을 중심으로", 『윤리문화연구』 (2016), pp.3~24.

차기벽(2013). 『민주주의의 이념과 역사』 도서출판 아로파

채사장, 『지적 대화를 위한 넓고 얕은 지식 : 역사, 경제, 정치, 사회, 윤리편』 (서울: 한빛비즈, 2014).

최샛별, "한국의 MZ세대 이야기: 기성세대의 상식을 넘어서다", 『지식의지평』 (2022), pp.1~14.

테렌스 볼, 리처드 대거. 2006. 『현대 정치사상의 파노라마 : 민주주의의 이상과 정치 이념』, 카넷.

Richard Wasserstrom, (1969), "On the Morality of War: A Preliminary Inquiry", Stanford Law Review, Vol.1, p.1627.

저자소개

■ 최재호

- 대구대학교 국어국문학과 졸업
- 경북대학교 일반대학원 고전문학 석사
- 경북대학교 일반대학원 고전비평 박사

現) 육군3사관학교 정치외교학과 정교수

■ 윤희철

- 육군3사관학교 국제관계학과 졸업
- 고려대학교 일반대학원 정치외교학 석사
- 美 앨라배마대학교 정치학 박사

現) 육군3사관학교 정치외교학과 부교수

■ 권지민

- 육군3사관학교 군사사학과 졸업
- 연세대학교 일반대학원 정치학 석사
- 연세대학교 일반대학원 정치학 박사

現) 육군3사관학교 정치외교학과 조교수
연세대학교 통일연구원 전문연구원

군대문화와 윤리

2024년 7월 31일 초 판 발행
2025년 8월 20일 1판 2쇄 발행

저 자 최재호 · 윤희철 · 권지민

발행인 한인환 · 한재성
발행처 도서출판 **기 문 사**
등 록 1978. 8. 9. NO. 6-0637
주 소 서울시 동대문구 안암로 50-1(용두동) 홍신빌딩 3층
전 화 02) 2265-7214/922-8662~8663
팩 스 02) 922-8772

homepage : www.kimoonsa.co.kr
e-mail : book@kimoonsa.co.kr

ISBN : 978-89-7723-988-3 93390

정가 : 20,000원